电网短路故障诊断及故障定位

郭喜峰　宁　一　著

中国矿业大学出版社
· 徐州 ·

图书在版编目(C I P)数据

电网短路故障诊断及故障定位/郭喜峰，宁一著
.—徐州：中国矿业大学出版社，2021.12

ISBN 978-7-5646-4624-0

Ⅰ.①电… Ⅱ.①郭… ②宁… Ⅲ.①电网—短路事故—故障诊断 Ⅳ.①TM7

中国版本图书馆 CIP 数据核字(2020)第 204400 号

书　　名 电网短路故障诊断及故障定位
著　　者 郭喜峰　宁　一
责任编辑 仓小金
出版发行 中国矿业大学出版社有限责任公司
(江苏省徐州市解放南路　邮编 221008)
营销热线 (0516)83884103　83885105
出版服务 (0516)83995789　83884920
网　　址 http://www.cumtp.com　**E-mail**:cumtpvip@cumtp.com
印　　刷 徐州中矿大印发科技有限公司
开　　本 787 mm×960 mm　1/16　**印张** 7.75　**字数** 152 千字
版次印次 2021 年 12 月第 1 版　2021 年 12 月第 1 次印刷
定　　价 32.00 元

前　言

电网间的互连提高了供电质量和系统运行的经济性，但局部电网故障对整个电网系统的安全运行产生较大冲击，因此，在电网发生短路故障后能及时准确地诊断故障元件，定位故障位置，对加快供电恢复，保证电力系统的安全稳定运行具有重要意义。随着智能电网建设的推进，对电网的安全运行水平提出了更高要求，已有电网短路故障诊断及定位方法在诊断准确度、定位精度和可靠性等方面均受到严峻的挑战。对此，本书重点对基于模型的诊断方法在电网故障诊断的应用、电网故障诊断的解析建模与求解、基于暂态行波的电力线路故障定位展开研究。主要工作归纳如下：

(1) 针对传统专家系统在电网故障诊断应用中的局限性，提出基于模型诊断的电网故障诊断方法。根据测点分布将电网分解成若干独立子系统，通过搜索子系统中的解析冗余关系建立诊断模型，然后按照基于因果关系的诊断思想，得到预设故障输出对应的预备候选诊断，进一步根据故障后的电气信息从匹配的预设故障输出中确定候选诊断，将实际告警信息引入模型诊断逻辑框架中，最后，系统给出基于贝叶斯定理的最优诊断识别方案。

(2) 针对现有电网故障诊断完全解析模型存在的多解和误诊问题，提出了一种改进完全解析模型。通过解析保护和断路器动作及告警信息的不确定性，构建了事件评价指标。根据评价指标，将不同权值分配给各类保护和断路器，使解析模型更加合理。通过分析保护和断路器的动作状态与告警信息之间的因果关系推导基础规则，并将基础规则按照相应的逻辑关系关联起来，提出一种基于关联规则的模型求解方法，提高了模型求解方法的通用性。

(3) 为了克服当前输电线路单端行波故障定位存在的主要技术

局限，提出基于初始透射行波的输电线路故障定位方法。通过分析四种类型的行波传播路径，得出透射线模行波与非透射线模行波到达测量端的时间顺序，依此识别初始透射线模行波，然后利用第2个线模反向行波与初始透射线模行波之间的极性关系构造识别第2个反向行波性质的判据，从而实现输电线的单端行波故障定位。所提定位方法基本不受母线结构、模量衰减和透射模量的影响，具有较好的可靠性，扩大了单端行波故障定位的应用范围。

(4) 针对现有配电网故障定位方法存在的缺陷，提出了一种适用于复杂结构配电网的故障定位新方法。对不同结构线路进行归一化处理，将全网线路进行等分，根据划分节点至各线路末端的距离建立行波路径矩阵，进而建立各节点对应的行波传播时差矩阵，故障发生后，采用基于派克变换(Park's transformation，TDQ)的行波检测方法获得行波到达时刻，建立各分支线路间的行波到达时差矩阵，分别将各节点传播时差矩阵与行波到达时差矩阵进行比较，通过矩阵差异值找出故障位置。所提定位方法不受线路结构、分支数量和分支层的影响，允许测量时间存在较大误差。

目　录

第1章 绪 论

1.1 课题研究的背景和意义

随着国民经济的不断发展，电力系统已从19世纪初的单一、小容量的传统住户式系统演变为现今大电网、大机组的现代电力系统。随着用电需求的日益增长，现代电网的拓扑结构越来越复杂，各区域电网间的关联也越来越紧密。电网间大规模的互连可以提高系统运行的经济性和资源的优化配置，但局部电网的短路故障会对整个系统的稳定运行产生较大冲击。为了保证电网能安全稳定运行，现代电力系统采用了大量先进设备、控制策略和保护手段，但受人为因素和各种恶劣天气的影响，电网在运行过程中不可避免地发生各种短路故障。当电网发生短路故障后，如果工作人员不能及时采取有效措施予以处理，特殊条件下可能引起连锁反应，发生大停电事故[1]。最近几年，电网大停电事故在世界范围内多次发生，其对社会稳定和经济发展均产生了恶劣影响[2-3]。因此，在电网发生短路故障后，能及时准确地诊断故障元件、定位故障位置，对加快故障排除及供电恢复，防止电网灾变和减少国民经济损失具有重要意义。

经过多年探索，国内外学者在电网故障诊断领域的研究取得了丰富的成果，提出了众多电网故障诊断方法。然而，现代电力系统的不断发展对故障诊断技术提出了更高的要求：

(1) 保护和断路器的动作及告警信息包含诸多不确定性，如断路器发生拒动、误动，告警信息，在传输过程中发生丢失、畸变等。为了消除这些不确定性的影响，要求故障诊断方法具备较好的容错能力。

(2) 电网的规模日趋庞大，当发生故障后，尤其是发生大面积电网故障时，海量的故障信息同时涌入调度控制中心，为了避免陷入维数灾难，要求故障诊断方法能够满足大电网发展的需求。

(3) 电网的网络拓扑多变，其运行方式也经常变化，要求故障诊断方法能够适应网络拓扑和运行方式的改变，具备较强可移植能力。

上述指标使现有故障诊断方法在准确度、诊断难度和适用范围等方面面临严峻的挑战，因此，研究在具有明显不确定性的电网时，仍可以快速准确识别故障元件，并且具有良好结构适用性的电网故障诊断方法，具有重要理论研究价值和实际应用前景。

电力线路是构成电网的重要元件，作为电网运行的大动脉，其安全可靠工作对输电和配电运行管理起到重要的作用，是保证电力供应可靠和安全的关键所在。广义的电网故障诊断方法只是将故障定位在元件级别，而实际操作中为了快速对电力线路故障进行处理，需要进一步查找出线路故障的具体位置。

输电线路遍布在广阔的地理空间，山区、荒漠等地形与微气象复杂多变的环境恶劣地区也时有经过，存在较多引发线路故障的隐患。而继保装置的快速动作又会使故障引起的线路破坏痕迹不易察觉，故障点比较隐蔽，通过人力巡线查找故障位置难度大、费时长。输电线路故障后如果能及时准确地确定故障位置，不仅能够缩短线路停运时间，及时维修线路，加速恢复供电，还有助于发现线路上隐患和薄弱环节，增强其今后运行的可靠性。长期以来输电线路故障定位技术的研究受到来自科研机构和电网运行部门的高度关注，提出了多种故障定位算法[4-5]。随着输电线路输送容量增加，线路故障造成的影响和损失也将越来越大，对故障定位准确性也提出了更高的要求。传统定位装置采用基于阻抗法原理，其定位结果受过渡电阻、线路不对称、线路分布电容、系统运行方式和互感器传变误差等因素影响，定位精度普遍较低，尤其对高阻故障的定位误差更大。相比之下，基于行波的定位方法基本不受上述因素的束缚，理论上定位误差极小，且对阻抗法无法定位的 T 接线路、含有串补电容线路、部分同塔并架线路仍适用，因而受到国内外学者的高度重视[6]。目前，对此课题研究的主要思路如图 1-1 所示。

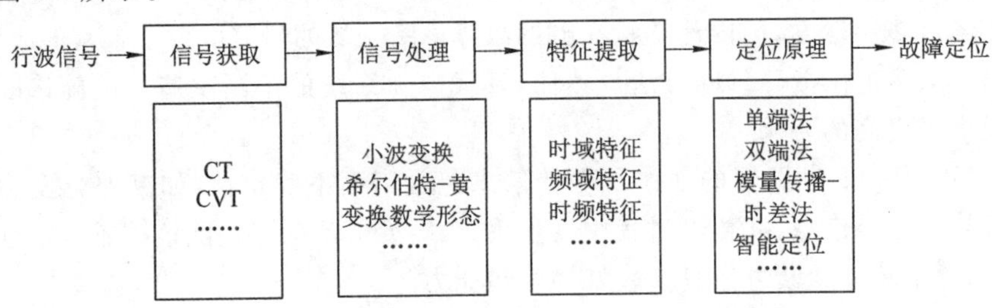

图 1-1　输电线路故障定位的研究思路

配电网多包含架空线——电缆混合线路，拓扑结构复杂，因此，相较于输电线路故障定位，配电网故障定位技术的概念更为广泛，实现起来也更为困难。而且，我国配电网多为小电流接地系统，在小电流接地运行方式下发生单相接地故障时，由于故障电流微弱、故障电弧不稳定等原因，故障定位更加困难。传统配电网故障定位方法是先利用倒闸选出发生故障的线路，继而由人力巡线通过目测法查找故障位置。该方法不仅需要耗费大量的人力物力，故障查找花费时间较长，而且很难发现避雷器内部故障以及绝缘子击穿等隐蔽故障，并且与现代配网自动化水平极不适应。因而需要研究一种切实有效的故障定位技术来解决配电网故障定位的难题。配电网一般为辐射形结构，即一条母线引出多条出线，因而广义的配电网故障定位包含故障选线和故障定位两方面内容。根据定位范围的不同，故障定位可分为故障区段的定位及故障点的定位两种。经过多年研究，已经提出了多种基于稳态或暂态信息的故障选线方法并获得实际应用，故障选线正确率达到95%以上；故障区段定位技术虽然尚不成熟，但已经有部分成果进入实际应用阶段；而关于故障点定位的研究仍然没有明显进展，许多地方仍采取人工目测巡查的传统方法，大大影响了配电网的供电质量及其可靠性。综上所述，深入研究定位于故障点的配电网故障定位方法，具有很大的理论研究意义和实际应用价值。

1.2 电网故障诊断技术及国内外研究现状

1.2.1 电网故障诊断问题描述

当电网故障时，故障会激发故障元件相关的保护动作，即跳开相应的断路器，隔离故障，同时，大量保护动作及断路器跳闸的告警信息将通过数据采集和监控系统，即通常所说的SCADA系统(supervisory control and data acquisition)上传到调度控制中心。继电保护系统设置了主保护、第1及第2后备保护，共3重保护，当电网发生故障后，继电保护系统首先启动故障元件的主保护，当主保护动作失效后，再启动故障元件后备保护，从而确保在规定时间内能有效隔离故障。电网故障诊断就是根据上传至调度控制中心的继电保护系统动作信息来辨识发生故障的元件。由于检视员的自身经验在故障处理过程中起主要作用，所以智能算法被广泛地应用于电网故障诊断领域。智能算法是人类智能在计算机上的模拟，具有延伸、扩展人类智慧的功能。目前在故障诊断领域应用比较成熟的智能算法有基于专家系统、人工神经网络的方法，基于解析模型的方法，基于信息理论、Petri网的方法等。此外，与智能算法相关的D-S证据理论、数据挖掘、因果网络等方法也成功应用在电网故障诊断中。在电网故障诊断领域，目前需要解决的主要问题有：

① 各种智能算法处理不确定性问题的能力较弱，容错性差；

② 智能算法自身存在应用的缺陷和限制；

③ 电网网络结构的变化及运行方式的改变对故障诊断结果的影响明显；

④ 智能电网故障诊断方法的研究多停留在理论阶段,实用化程度较低。

其中,在告警信息存在断路器拒动、信息丢失等不确定性的情况下,如何在最短时间内最大限度地确保故障诊断结果的准确性是当下电网故障诊断研究面临的最大困难。目前已有的电网故障诊断方法均不能很好地解决该问题,因此有必要研究一种能有效解决不确定性问题的故障诊断方法。

1.2.2 电网故障诊断方法

1.2.2.1 基于专家系统的电网故障诊断方法

在电网故障诊断领域,专家系统是最早被应用的人工智能算法,有较为成功的工程实际应用。电网故障诊断专家系统结合运行人员的经验知识,基于产生式规则将元件、断路器及保护三者间的因果关系用规则进行描述,并将其存储在专家诊断知识库中,诊断时只需要根据接收的告警信息即可推理出发生故障的元件。

专家系统能够对领域专家利用先验知识推理故障的过程进行模拟,因此,在过去几十年里国内外学者对其开展了大量的研究。文献[7]提出了非严密的反向推理专家系统,已成功地应用于韩国的某地区调度控制中心。为了提升诊断系统的效率,文献[8]提出了一种正反向推理相结合的专家系统,即先利用断路器动作情况推导故障假说,然后基于告警信息验证故障假说。由于保护和断路器存在误动、拒动,在传输过程中故障信息可能丢失、畸变,因此调度中心接收的告警信息具有不确定性。为了解决这一问题,可以将这些不确定性表示成概率的形式,然后利用模糊理论将原先的精确推理转变为模糊推理。文献[9]利用模糊度来衡量元件、保护和断路器三者两两之间存在的不确定性,以实现模糊推理。文献[10]将接收的告警信息的正确性和告警信息漏报的可能性以概率的形式进行模糊处理,建立了一种分布式故障诊断专家系统。文献[11]为了提高诊断结果的正确性,将带时标的告警信息作为故障诊断专家系统的输入。文献[12]将神经网络与专家系统相结合,通过神经网络的训练实现知识的自动获取,克服了专家系统知识获取困难的难点。为了提高实时诊断复杂故障的推理能力,文献[13]将专家系统与多智能体技术进行了融合。

专家系统虽然具有模拟领域专家利用先验知识推理故障的能力,但所建立的专家知识库难以覆盖全面,存在容错性差、响应速度慢、缺乏有效手段辨识错误信息等缺点,专家系统当下主要应用在离线分析,不能用于在线实时诊断复杂电网故障。

1.2.2.2 基于神经网络的电网故障诊断方法

神经网络是对信号在神经系统中传输和响应过程进行模拟的智能算法。采用神经网络的电网故障诊断基本原理是通过大量具有典型性的故障案例对相应的神经网络进行训练，然后基于学习训练算法让神经网络通过对样本的联想泛化得到诊断电网故障的能力。

文献[14]将专家系统中的知识库和推理引擎用神经网络替换，提出了一种拟专家系统的故障诊断方法，以增强诊断方法的容错能力。为了适应大规模电网的故障诊断，文献[15]给出了分区建模的策略，先将电网按区域划分，然后按划分区域分别建立对应的神经网络诊断模型，各分区单独诊断后综合诊断结果。在文献[15]基础上文献[16]利用模糊逻辑对元件、断路器和保护间的不确定性进行量化，以提高诊断容错性。文献[17-18]利用局部逼近的径向基神经网络实现电网故障的诊断，并通过多输出正交最小二乘法优化诊断模型参数，以增强故障诊断能力。文献[19]研究了一种基于分布式的大规模电网故障诊断方法，并用基于等值模糊控制系统的局部重新训练法训练径向基函数神经网络，以适应电网拓扑结构的变化。为了加强神经网络的适应性，文献[20]基于多层感知神经网络及广义回归神经网络，构建了双层电网故障诊断模型。文献[21-22]将粗糙集与神经网络相结合，先通过粗糙集删除冗余的属性，然后利用筛选后的属性训练神经网络，从而解决了神经网络规模庞大的问题。文献[23]通过采用告警信息的百分比值辨识故障元件，并对保护装置动作情况进行评价。为了适用于大规模电网，文献[24]对电网进行了网络重叠分区，并采用模糊积分将相连分区关于联络线的诊断结果关联融合，从而提高了诊断效率。

基于神经网络的电网故障诊断方法虽然具有一些其他方法无法比拟的优点，例如：诊断速度快，以高容错性诊断复杂故障。但仍存在一些问题，包括：诊断大范围电网故障的能力较弱，只能输出一个介于0～1之间的数字而不利于故障解释，对电网拓扑结构变化敏感等。

1.2.2.3 基于Petri网的电网故障诊断方法

Petri网是建立和分析离散事件动态模型的工具，其通过有向加权网络对系统中各类事件活动进行描述。电网发生故障后，各级保护和断路器的因果动作行为可认为是离散状态的动态演变过程，该过程可用Petri网进行充分表达。基于Petri网的电网故障诊断方法主要特征是以图形化形式将诊断故障过程呈现给工作人员，其解释能力强，推理透明度高，且诊断速度快。

文献[25]考虑了保护和断路器动作及告警信息的不确定性，并用概率量化了这些不确定性，然后通过计算函数的形式完成故障推理。文献[26-27]将文献[25]的方法进行扩展，采用模糊Petri网的形式对电网故障进行推理决策，实现故障元件的辨识。文献[28-29]充分利用告警信息的时序属性分辨错误信息，给出基于时序模糊Petri网的电网故障诊断模型。文献[30]提出了基于分层、多子网模糊Petri网的故障诊断方法，以降低Petri网模型的规模。文献[31]继续完善了这一技术，研究了冗余嵌入 Petri 网的编码方法，当电网拓扑发生改变时能够对诊断模型进行快速修正。为了提高网络结构变化时模型的可移植性，文献[32]利用有色 Petri 网对拓扑授予多种颜色信息以化简 Petri 网模型。文献[33]推导了电网拓扑结构与告警信息的知识表达形式，由此建立了通用 Petri 网诊断模型。

利用 Petri 网进行电网故障诊断的优势是将离散事件图形化，以对保护和断路器的动作行为进行模拟，且能对这些动作行为从定量及定性的角度进行分析，从而有助于工作人员了解和分析故障的清除过程。其缺陷在于对保护和断路器之间组合的依赖性强，致使该方法容错性较差，此外，还需要深入研究其在大规模电网中的应用。

1.2.2.4 基于解析模型的电网诊断方法

基于解析模型的电网故障诊断方法通过将电网故障诊断问题转化为目标函数最小化问题，实现故障推理，其基本原理是根据保护和断路器动作与告警信息的关系建立目标函数，并通过优化算法求取使目标函数为最小值的解。基于该诊断方法的研究工作主要围绕解析模型和优化算法两个方面展开。解析模型是该诊断方法的基础，模型的合理性将直接影响诊断结果。

文献[34-35]较早给出电网故障诊断的解析模型，但所建模型不合理，易导致诊断错误。文献[36]分析了文献[34-35]模型的缺陷，提出了相应的改进模型。文献[37-38]考虑到保护和断路器存在拒动和误动的可能，建立了能够评价保护和断路器的拒动、误动行为的诊断模型。文献[39-41]充分考虑元件故障、保护动作和断路器动作的整体关联性，提出了一种电网故障诊断的完全解析模型，克服了文献[37-38]模型在告警信息错误时易导致诊断错误的缺点，提高了诊断模型的通用性；为了充分应用告警信息的时序特性，文献[42]建立了相应的改进模型。

建立诊断解析模型后，如何对模型进行有效求解也将直接决定诊断结果的准确性。由于传统数学规划方法不利于应用在所建解析模型，因此，国内外专家研究了多种基于智能优化算法的模型求解方法，比如 Tabu 算法[43]、遗传算法[44-45]、人工免疫算法[46]、粒子群优化算法[47]、人工蜂群算法[48]等。

基于解析模型的诊断方法的优点是有缜密的数学理论支撑，不依赖专家经验知识。但随着电网规模的日益增大，电网元件和保护配置不断增加，对电网故障诊断的准确性和实时性提出更高要求，对此，进一步深入研究如何建立更加合理的解析模型和提出更加有效模型求解方法是十分必要的。

1.2.2.5 基于信息理论的电网故障诊断方法

信息理论以数理统计为基础，科学地处理了概率信息的测度问题，并能够准确地衡量信息的不确定性[49]。将电网发生故障并引起保护动作和断路器跳闸的过程表示成电网故障的信息运动过程,利用信息理论对电网故障过程中具有的不确定性进行处理和研究,在信息损失最小的最优决策目标下,应用信息论方法进行故障诊断,可以满足大规模电网故障在线诊断的需求。

文献[50]引入信息理论将电网故障诊断转变为求取信息最小损失的组合优化问题,给出了适用于决策大规模电网不确定性的故障诊断原理。文献[51]在文献[50]基础上增加了拓扑纠错功能,并采用通用信息模型(common information model,CIM)模型开发了应用于地区电网的辅助决策系统。文献[52]研究了电网状态估计的数学背景,给出了适合应用在各种概率分布的信息最小损失状态估计新方法。文献[53]根据故障引发的告警信息存在时序关系的特征,应用宿因推理进行电网故障诊断。文献[54]利用告警信息具有层次性的特点建立了信息分层处理模型,由此提出了基于复杂事件处理技术的电网故障诊断方法。

基于信息理论的电网故障诊断方法,能较好解决电网故障过程中具有的不确定性问题,并且诊断速度快,可以满足故障诊断对实时性的要求。

1.2.2.6 其他电网故障诊断方法

除了以上几种主要诊断方法,国内外专家还提出基于贝叶斯网络[55-56]、灰色系统理论[57]、因果关系[58-59]、粗糙集[60-61]、模糊脉冲神经P系统[62－64]等的电网故障诊断方法,这些方法的进展为电网故障诊断提供了更多的解决途径。

综上分析,经过多年的发展,电网故障诊断技术的研究取得了丰硕的成果,为快速、准确诊断故障元件提供了有效途径,但是这些方法依然存在或多或少的不足。在此前提下,进一步研究准确、高效的故障诊断方法对保障电网安全稳定运行具有十分重要的理论意义和实用价值。

1.3 电网故障定位技术及国内外研究现状

1.3.1 输电网故障定位的研究现状

输电线路故障时,在故障点处将诱发以近似光速沿线路向两端传播的暂态行波(电压和电流行波),因此,通过分析行波信号,挖掘其蕴含的故障信息,可以用于定位故障[65-67]。基于行波的输电线路故障定位方法具有可靠性高、定位误差小等特点,已经成为国内外热门研究课题。随着现代微电子技术、网络通信技术和GPS技术的发展,对于暂态行波提取、行波波头标定及行波定位原理等方面的研究均取得了里程碑式的进展。

1.3.1.1 行波信号的提取

行波信号提取方面,通过对线路电流互感器(current transformer,CT)暂态传变特性研究发现，常规 CT 可传变频率达到 100 kHz 及以上的暂态信号，满足行波定位的要求，文献[68]提出直接采集 CT 二次侧电流进行行波故障定位，极大地促进了电流行波定位技术的进展和应用；文献[69]提出在输电线路上安装罗氏线圈来提取故障电流的方法，能有效消除传变时的信号畸变；由于电容式电压互感器(capacitor voltage transformer，CVT)的截止频率过低，无法完全传变高频电压信号，在很长一段时间内电压行波需要利用连接在 CVT 接地线上的专用传感器来获取，从而限制了电压行波定位技术的推广；文献[70]分析了 CVT 二次侧信号突变时刻与故障行波到达时刻的关系，提出利用 CVT 二次侧提取电压行波的新技术，大大促进了电压行波定位的实用化；文献[71]研究了电磁式电压互感器的行波传变特性并进行了仿真分析，证明利用电磁式电压互感器传变电压行波是可行的。

1.3.1.2 行波波头标定方法

行波波头标定方面，文献[72]较早将小波分析应用于波头标定，并在实际应用中取得了较好的效果；在此基础上，许多学者对小波变换在行波波头标定的应用做了更加深入研究[73-74]，同时也带动了希尔伯特黄变换、数学形态学等信号处理技术在波头标定的应用尝试[75-77]。

1.3.1.3 行波波速影响的消除方法

研究结果表明，行波波速的选取会对定位结果的精度产生影响。行波沿输电线路传播的过程中，受参数频变的影响，会发生色散并产生衰减。经过一段传播距离后，由于不同频率行波的衰减程度不一样，使得在时域上行波波速不能统一刻画，因此行波波速选取存在不确定性。为此，文献[78-79]通过增加有效行波数量，构建附加定位方程的方法消除定位方程中的波速，其基础是假设行波波速和传输距离没有关系，但实际的行波波速会随着传输距离增加而减少。文献[80]在同一条线路上设置三个测点，利用非故障线路段的长度和行波到达其两端的时差之比求取行波波速。文献[81]将行波波速表示为故障距离的函数，依此拟合波速曲线。文献[82]利用小波变换分解区外扰动数据，根据区外扰动到达时差求解波速，但内部故障行波标定与外部故障视在波速间的误差难以消除。

1.3.1.4 行波定位原理

行波定位方法按定位原理的不同，主要分为四种基本类型，即 A 型、B 型、C 型和 D 型。

(1) A 型定位法是根据初始行波及其在故障点处首次反射的行波到达测量点的时间来定位故障位置；

(2) B 型定位原理是当线路收信端检测到初始行波时开启计数器，在发信端首次接收到行波时发信机开启，在收信端检测到发信端的信号时计数停止，获得行波在故障点至发信端来回一次的传播时间，由此计算故障距离；

(3) C型定位法是在线路发生故障后在该线路一端注入直流或高频脉冲，根据注入脉冲信号从注入端到故障点的来回时间计算故障位置；

(4) D型定位原理是依据故障线路两端检测到的初始行波到达时间差来定位故障位置。

在A型、B型、C型和D型四种定位方法中，B型定位法由于需要精确地获取通信通道的延时，使得定位可靠性降低；C型定位法需要脉冲信号发生装置，且只适用于永久性故障；A型和D型定位法即通常所说的单端法和双端法，由于不需外加脉冲注入装置，对于永久性和瞬时性故障都具有较好的适应性，因而受到了更为广泛的关注[83]。

行波定位装置通常安装在重要输电线两侧的变电站，用于对该线路进行双端定位，并将变电站的其余线路接入行波定位装置以实现单端定位。实际电网系统中行波定位装置配置个数不足，使得多数输电线路仅能开展单端定位，而且双端定位系统有可能会因π接线改变和新变电站的投入运行退化成单端定位；当双端定位系统时间同步异常或任一侧定位装置因为故障未开启时，同样只能进行单端定位。上述因素导致单端行波故障定位的实际使用率大大高于双端行波定位。

单端行波定位一般是利用测量端测得的前2个行波蕴含的故障距离信息，其关键在于准确识别出第2个反向行波是来自于对端母线反射还是故障点反射，但某些情况下因无法分辨第2个反向行波来源，即不能有效定位故障[84-85]。探索新的单端定位原理是规避传统单端法需要识别故障点反射波的有效途径。文献[86]—[87]提出根据线模和零模的波速差及传播时间差来求解故障距离，但仅适用于不对称故障，加之零模分量频变严重使得零模波速不稳定，限制了该方法的实际应用。为了避免故障行波识别的难题，文献[88]—[90]给出了利用故障行波自然频率进行故障定位的方案，理论上即使初始行波丢失时仍可定位，但定位效果受同一母线上其余出线的长度和数量、特征频率提取算法、故障处反射程度等多方面因素影响。文献[91]用行波极性和到达时差作为样本属性的故障定位人工神经网络模型(artificial neural network，ANN)进行初步定位，从而可以根据故障距离与传输时间、波速度的关系识别第2个反射波性质来实现精确定位，但由于训练样本大都靠数字仿真获取，所建模型的实际定位效果还有待研究，当然，该问题普遍存在于诸多智能定位算法中[92-93]。

1.3.2 配电网故障定位的研究现状

在中性点非有效接地系统中发生最频繁的故障为单相接地故障，因此，当前关于配电网故障定位的研究也大多针对单相接地故障展开。长期以来，尽管已经对配电网故障点的定位做了大量研究，但是由于现场条件无法满足，大部分研究成果仍停留在理论与仿真阶段，实际应用效果并不理想。下面针对当前主要配电网故障定位原理及研究现状进行简要阐述 。

1.3.2.1 故障分析法

故障分析法是基于电抗法或阻抗法，通过故障后线路一端检测的稳态电压和电流计算故障阻抗的定位方法[94-95]，通常被应用在中性点直接接地的配电网。国内配电网运行方式多为中性点非有效接地，因此，我国学者对于故障分析方法在配电网应用的研究较少，但在配电网采用中性点直接接地运行方式的国家，关于该方面的研究已经取得了丰富的成果。文献[96]通过直接电路分析(direct circuit analysis，DCA)的方法，无须进行相模变换就能推导出相间短路和单相接地的故障定位方程，然后通过求解定位方程可直接确定故障距离。进一步，文献[97]构建了所有故障类型的故障定位方程，并采用不动点简单迭代法进行求解。文献[98]同样利用 DCA 的方法，构建了基于故障导纳矩阵的通用故障定位方程，并利用牛顿迭代法计算故障距离。文献[99]为了解决求解故障定位方程时过早收敛和慢收敛的问题，提出了一种 BPSOGA 算法用于求解故障距离。

故障分析方法在原理上简单实用，但方程式求解困难，求解时可能出现收敛困难和收敛于伪根等问题。此外，该方法无法消除故障电阻的影响和由系统建模产生的原理性误差。

1.3.2.2 加信传递函数法

加信传递函数法是通过施加高频信号于故障线路来推导相应的传递函数，然后根据故障距离与传递函数频率曲线峰值间隔的对应关系确定故障位置的方法。文献[100]提出在故障线路出口处施加方波激励信号，利用故障前后电路拓扑结构的差异，通过传递函数频谱的相位、频率和波形特征计算故障距离的单端定位方法。文献[101]分析了基于传递函数频率特性进行故障定位的判据，而文献[102]则给出了配电线路接地故障传递函数的具体推导过程，进一步文献[103]采用试验验证了通过传递函数法定位配电网故障的有效性。为了能够定位多分支配电网的故障，文献[104]将传递函数法作为故障分析的基础，研究了一种适用于定位多分支配电网故障的特征向量法。

传递函数法使用零模分量作为故障信息的来源，因此，无法解决不存在零模分量的对称故障的定位问题，并且受零模分量低频特性明显的影响，该方法的实用性仍有待进一步在实际中验证。

1.3.2.3 S注入法

S注入法原理是通过母线处安装的电压互感器(potential transformer，PT)

向线路中加入特定频率的电流信号，然后采用专用的信号探测器查找故障线路和确定故障位置。文献[105]通过利用外加信号相位和注入双频信号的改进措施，降低了外加信号的频率。文献[106]深入地分析了应用双频信号的接地故障定位方法。文献[107]在注入信号定位法基础上，提出利用注入直流高压使故障点维持击穿状态，通过外加交流检测信号查找故障位置的离线定位新方法。为了提高S注入法的实用性，文献[108]根据离线状态下线路各相中外加的交流信号计算接地电阻，然后依据接地电阻的计算值选取相应的信号注入方式和检测方法。

S注入法不受系统运行方式的影响，不需要安装零序电流互感器，在实际应用中取得了一定的效果，其缺点在于PT容量限制了外加信号的强度，接地电阻、导线分布电容和间歇性电弧等因素对定位精度的影响较大。

1.3.2.4 行波法

相比于输电网，配电网拓扑结构复杂，存在多分支，因此将行波法应用于配电网将面临许多新的挑战。文献[109]分析了带分支配电网中故障行波的传播路径，得出各传播路径对应反射行波蕴含的故障信息，由此确定故障区段，然后识别出与故障点有关的2个反射波，利用两者到达时间差计算故障距离；文献[110]采用频域分析方法确定故障初步位置，结合小波对故障行波进行时域分析，从而准确标定故障线路对端母线反射波到达时间，最后利用A型定位原理实现精确定位。文献[111]通过小波模极大值计算波头李氏指数，然后根据李氏指数与零模波速的对应关系，采用样条插值推导出零模波速，从而提出了基于零模和线模波速差及传播时间差的配电网故障定位方法；文献[112]通过分析频率和零模波速的关系、故障距离和到达行波频率分量的关系构造估算零模波速的迭代公式，提高了零模波速获取的正确性和可靠性。文献[113-116]利用初始行波到达每条出线和分支末端的时刻，通过分析配电网拓扑结构进行故障定位。此方法精度较高，符合实际要求，但需配置多台行波检测装置，投资成本高，而且要求严格的时间同步。

1.3.2.5 特征频率法

特征频率法利用时频分析从暂态行波中提取包含故障位置信息的自然频率（特征频率），并结合行波在该频率上的波速度，确定故障距离。文献[117]根据故障波形构建了自适应小波，用于提取特征频率，并首次将特征频率法应用在配电网故障定位。文献[118]通过时间信息修正特征频率初步估计的结果，进一步提高了特征频率提取的精度。文献[119]通过分析得出故障距离与行波主自然频率存在单调的关系，基于此，利用仿真获取的大量具有代表性故障数据拟合出两者的关系曲线，从而实现配电网故障定位。文献[120]利用阻抗法确定了多个故障预估位置,然后通过提取故障距离相关的特征频率剔除错误预估结果,最终实现故障的精确定位。文献[121]研究了配电网不同分支线路发生接地故障时故障暂态零序电压的频率及其幅值分布规律,基于此,借助 ANN 较强的非线性拟合能力,提出了一种适用于辐射状配电网的故障定位新方法。

为了实现配电网故障精确定位,特征频率法要求所采用的时频分析技术具有较高频率分辨率,而现有技术提取特征频率的精度仍无法满足精确定位的要求。此外,对于拓扑结构复杂的配电网,不同路径的自然频率混叠导致的特征频率提取困难,目前仍无法有效地解决该问题。

1.4 本书工作任务与章节安排

1.4.1 本书主要工作任务

针对现有电网故障诊断及行波故障定位方法存在的问题,本书重点对基于模型的诊断方法在电网故障诊断中的应用、电网故障诊断的解析建模与求解、基于故障暂态行波的电力线路故障定位三方面内容展开研究。本书的主要工作具体包括:

(1) 为了克服传统专家系统的局限性,探索将基于模型的诊断方法应用于电网故障诊断中。针对基于模型诊断中的常见问题如复杂系统的诊断问题、碰集的搜索算法问题和诊断的不确定性问题,分别给出相应的解决方案。

(2) 深入研究继电保护配置规则的解析表达,实现电网故障诊断的解析建模。构建的解析模型要求能够完整描述元件状态、保护动作及断路器断开三者间的逻辑关系。

(3) 分析现有完全解析模型中存在多解和误诊的原因,并对其进行相应改进,使模型具有较强容错能力。同时,为了解决利用优化算法进行模型求解过程中可能陷入局部最优的问题,提高模型求解方法的通用性,提出一种新的模型求解方法。

(4) 现有识别第 2 个反向行波性质的方法受母线结构、模量衰减和透射模量等因素的影响,可靠识别第 2 个反向行波仍是个问题。本书针对现有识别方法的局限性,提出一种不受上述因素影响的识别方法。

(5) 由于配电网具有结构复杂、分支多等特点,现有配电网故障定位方法面临挑战,需要研究一种适用于复杂结构配电网的故障定位方法。

1.4.2 论文主要章节内容

针对以上工作任务,本书分为 6 个章节进行阐述,除本章外,各章节的主要内容如下:

第2章介绍了基于模型诊断的相关知识，详细分析了基于模型的诊断中常见的几个问题。为了解决复杂系统诊断的问题，将全网的故障诊断分解成对若干独立子系统的故障诊断，降低诊断的计算复杂性，同时，通过离线获得预备候选诊断，在线确认候选诊断的策略，缩减诊断的时间。针对碰集的求解方法计算复杂性较高的问题，提出了基于因果关系的诊断获取方法。对诊断的不确定性问题进行研究，将故障后告警信息引入到模型诊断逻辑框架中，给出基于贝叶斯定理的最优诊断识别方案。

第3章分析了电网故障诊断现有完全解析模型存在多解和误诊的原因，然后根据保护与断路器之间各类保护之间不确定性概率的差异，通过构建事件评价指标赋予各类保护和断路器不同权值，提出一种改进完全解析模型。通过深入挖掘保护和断路器动作及告警信息的不确定性蕴含的规则，解耦故障元件状态、关联保护及断路器动作之间的关联关系，对解析模型进行化简。然后利用3D矩阵来确定电网元件的保护配置信息，结合电网的拓扑对元件关联的保护和断路器的动作期望进行解析，实现解析模型的建模。最后通过分析动作状态与告警信息之间的因果逻辑关系获得保护和断路器的动作及告警信息的不确定性状态，推导出基础规则，并将基础规则按照相应的逻辑推理关联起来，提出一种基于关联规则的模型求解方法。

第4章在分析暂态行波产生机理及传播过程基础上，通过研究四种类型的行波传播路径与反向行波性质的关系，得出不同类型传播路径中透射线模行波与非透射线模行波到达测量端的时间顺序，由此给出了选取初始透射行波的方案。在此基础上利用第2个线模反向行波与初始透射线模行波之间的极性关系，实现了第2个反向行波性质的识别，进而提出基于初始透射行波的输电线路故障定位新方法。

第5章介绍了基于TDQ的行波检测原理和直轴信号的处理过程，为了提高检测的可靠性，设置了自适应阈值来判定行波到达时刻。然后深入分析了传统行波选线方法和相电流选线方法存在的问题，在此基础上，通过挖掘行波时差矩阵蕴含的故障信息，提出一种适用于含混合线路配电网的故障选线及定位方法。最后根据划分节点至各线路末端的距离建立行波路径矩阵，进而建立各节点的行波传播时差矩阵，分别将各节点传播时差矩阵与故障后行波到达时差矩阵进行比较，通过分析两种时差矩阵的差异，提出一种基于分段比较原理的复杂配电网故障定位方法。

第6章总结与展望。概述了本书主要研究成果，并对后续开展的研究工作进行了展望。

第2章　基于模型诊断的电网故障诊断方法研究

在电网故障诊断方法中，专家系统比较适合解决电网多规则、多分支、多联络的复杂问题，因此，在电网故障诊断领域应用较为成功。但专家系统需要一个长期的过程来获得被诊断对象的经验知识，系统的维护和移植也有难度，为了克服传统专家系统的局限性，国外学者提出用基于模型的诊断方法来开发故障诊断系统[122-123]。基于模型的诊断方法是通过描述系统知识（系统行为、系统结构和系统功能等）实现诊断推理，也称为基于深知识的诊断方法，具有很强的设备独立性。自被提出来，基于模型的诊断方法在飞行器诊断、机械诊断、电路诊断等领域得到广泛应用和研究。文献[124-126]将基于模型的诊断方法应用在电网故障诊断领域，取得了较好的诊断效果。然而，文献[124-126]的方法仍存在以下不足：电网本身是个庞大、复杂的系统，基于全网范围内求解诊断，容易产生组合爆炸；离线获得最小冲突集，一定程度上减少了诊断的时间，但由最小冲突集获取候选诊断的过程全部在线运行，若最小冲突集中包含元件较多，仍会导致诊断时间过长；基于模型诊断的贝叶斯解释用元件故障的先验概率对得到的多个候选诊断作进一步区分，但这种故障概率主要基于经验统计给出的定性值，具有一定主观性和局限性。

针对模型诊断方法的不足，本章给出了相应的解决思路，提出一种基于模型诊断的电网故障诊断新方法。首先根据电网的结构及测点分布，将电网划分成若干独立子系统，搜索子系统中解析冗余关系，建立电网的诊断模型，利用基于因果关系的诊断获取方法求解预备候选诊断，然后根据故障后相关电气量确定实际故障输出，依此从匹配的预设故障输出中得到候选诊断，最后将告警信息引入到模型诊断的逻辑框架内计算元件实际的故障概率，并利用贝叶斯定理对多个候选诊断作进一步区分，得出最优诊断。

2.1　基于模型诊断的问题分析

2.1.1　基于模型诊断的过程描述

基于模型诊断的基本思想可用图 2-1 示意。首先，利用一阶逻辑语句构建待诊断系统的模型，描述系统的观测值，系统整体功能和各部件功能，以及各部件间的连接关系；然后，依靠传感器等观测系统得到系统的实际行为，同时使用逻辑推理对系统行为进行预测，判定预测行为与实际行为之间是否存在差异；最后，如果预测行为与实际行为有差异，表明系统必定发生故障。由于基于模型诊断的系统是通过分析待诊断系统的内部结构、功能及行为来诊断推理系统故障，因此，其具备发现系统开发者无法预见的故障的能力。

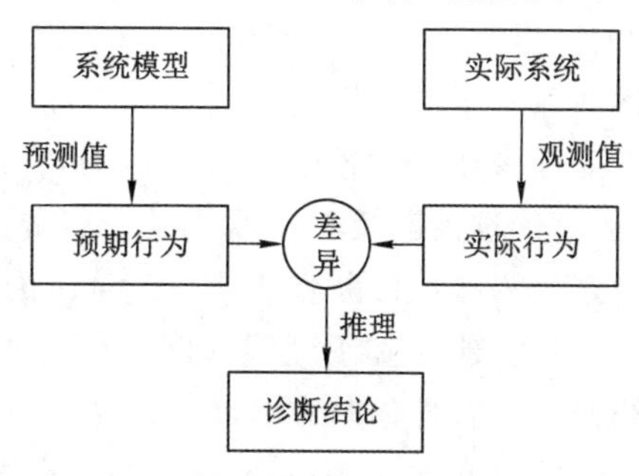

图 2-1　基于模型诊断的基本思想

定义 2-1[123]　将一个待诊断系统表示为一个三元组{系统描述(system description，SD)，组成系统元件集合(component，COMP)和系统观测值(observations，OBS)}，其中

① SD 代表一个描述系统结构和系统工作时行为的一阶谓词公式的集合。

② COMP 表示一个一阶谓词逻辑的有限常量集。

③ OBS 是一个一阶谓词公式的有限集合。

SD 中不仅包含系统正常工作行为，也包含对系统故障行为的描述：

$\forall x(\mathrm{COMP}(x) \wedge \neg \mathrm{AB}(x)) \rightarrow \mathrm{normBehaviour}(x)$，表示系统中元件 x 工作行为正常；

$\forall x(\mathrm{COMP}(x) \wedge \mathrm{AB}(x)) \rightarrow \mathrm{AbnormBehaviour}(x)$，表示系统中元件 x 工作行为异常。

其中，一元谓词 AB 表示“abnormal”，意味着预测输出与实际输出不一致。$\neg AB(x)$表示元件 x 正常，$AB(x)$表示的是元件 x 故障。

基于模型的诊断一般包含一致性诊断和基于溯因诊断两类，下面给出两类诊断的定义。

定义 2-2[127]　基于一致性诊断

若系统(SD，OBS，COMP)的一个一致性诊断是 Δ，则 Δ 应该满足下列条件：

① $\Delta \in \mathrm{COMP}$；

② $\mathrm{SD} \cup \mathrm{OBS} \cup \{\mathrm{AB}(x) \mid x \in \Delta\} \cup \{\neg \mathrm{AB}(x) \mid x \in (\mathrm{COMP}-\Delta)\}$一致。

若 Δ 是一个一致性的极小诊断，当且仅当 $\forall \Delta' \in \Delta$，$\Delta'$ 都不是一致性诊断。

定义 2-3[128] 基于溯因诊断

若系统(SD,OBS,COMP)的一个基于溯因诊断是 Δ，则 Δ 应该满足如下条件：

① $\Delta \in \mathrm{COMP}$；

② $\mathrm{SD} \cup \{\mathrm{AB}(x) \mid x \in \Delta\} \cup \{\neg \mathrm{AB}(x) \mid x \in (\mathrm{COMP}-\Delta)\} \Rightarrow \mathrm{OBS}$；

③ $\mathrm{SD} \cup \mathrm{OBS} \cup \{\mathrm{AB}(x) \mid x \in \Delta\} \cup \{\neg \mathrm{AB}(x) \mid x \in (\mathrm{COMP}-\Delta)\}$一致

通过上述一致性诊断和基于溯因诊断的定义可知，前者不一定是后者，但后者一定属于前者。基于溯因诊断具有很强的解释能力，但要求观测信息与候选诊断已知，并且要求能通过候选诊断反推出观测信息，因此，由基于溯因诊断方法得到的候选诊断相比基于一致性诊断方法要少。基于溯因诊断方法还需要考虑故障元件的行为模型，因此，建立基于溯因诊断的模型难度较大，限制了其实用性。本章节研究围绕基于一致性诊断方法展开。

为了使求取系统的诊断更有效率，Reiter 提出冲突集概念。

定义 2-4 冲突集

假设集合$\{x_1, x_2, \cdots, x_n\} \in \mathrm{COMP}$，且满足：$\mathrm{SD} \cup \mathrm{OBS}\{\neg \mathrm{AB}(x_1), \neg \mathrm{AB}(x_2), \cdots, \neg \mathrm{AB}(x_n)\}$不一致，则称集合$\{x_1, x_2, \cdots, x_n\}$是系统(SD,OBS,COMP)的一个冲突集。

当且仅当一个冲突集的任意真子集都不是系统的冲突集，称该冲突集为极小冲突集。

为了更方便地由冲突集推理出系统的诊断，碰集概念被提出。

定义 2-5 碰集

假设 $F=\{X_1, X_2, \cdots, X_n\}$是一个冲突集合簇，当且仅当 H 满足：

① $H \subseteq \bigcup X_i (i=1,2,\cdots,n)$；

② $\forall X_i \in F, H \cap X_i \neq \varphi$。

称 H 是 F 的一个碰集。

当且仅当一个碰集的任意真子集都不属于系统的碰集，则认为该碰集为极小碰集。

结合上述概念，基于模型诊断的诊断过程一般分成 4 个阶段[123]，即系统建模、冲突获取、候选产生、最优诊断识别。

(1) 系统建模

待诊断系统模型主要通过一阶逻辑语言建立，有时也可以运用定性数学模型。系统建立诊断模型时，要根据系统主要的故障类别，在推理复杂度与模型精度两者间尽量做一个权衡，使建立的诊断模型既简单又能推理出系统的全部故障。

（2）冲突获取

从系统模型描述和当前观测信息出发，由逻辑推理方法得到系统的最小冲突集合。最小冲突集搜索算法分由底向上和由顶向下两类[129]，其中，CSSE-tree 方法与翻转的 CS-tree 方法的搜索顺序都是由底向上，而 CS-tree 方法、CSISE-tree 方法、带标识集的 CS-tree 方法的搜索顺序则是由顶向下。

（3）候选产生

根据最小碰集算法对冲突获取过程中产生的所有最小冲突集进行计算，求解最小冲突集的所有最小碰集，从而得到系统的候选诊断。Peiter 在文献[123]中最早提出计算最小碰集算法：HS-tree 方法，但该方法存在许多不足，后来经过学者的研究，提出了更多有效的方法。

（4）最优诊断识别

基于模型的诊断结果是一组或多组故障元件集合，需要通过搜集额外信息和推理过程，对获得的多个候选诊断做进一步做区分，识别出最优诊断。该过程一般通过新增观测点或代入元件的故障定性概率的方式实现。

2.1.2　诊断过程中的问题分析

结合模型诊断的 4 个阶段，文献[124-126]方法存在的不足可归纳成以下 3 个通用问题：

（1）复杂系统的诊断问题

由于复杂系统各单元与部件之间可以任意组合为不同类型的故障，因此对系统进行精确建模是很难的，如果没有精确的系统模型，也就无法准确模拟故障情形，从而无法满足准确、实时诊断故障元件的要求。随着电力需求的增加，电网规模快速增大，系统结构越来越复杂，使得快速诊断电网的故障成为一个难题。所以需要寻找一些策略简化复杂电网系统的诊断过程，但要求这些策略既能够反映电网系统本身的特性，又能降低描述电网系统元件行为的难度。

分层诊断策略主要思路是根据待诊断系统功能和结构上的层次性特点，将系统按不同抽象程度分层进行描述，系统行为或故障模式在不同层次间会被重新划分与合并[130]。分层诊断策略采用由顶向下的搜索方式，使更顶层抽象的系统描述相对简单，推理该层诊断结果的过程也就相对容易，而在更细化的层上，由于只对上层获得的诊断结果进行更加细致分析，因此缩小了在细化层上推理候选诊断的空间，简化了诊断过程。与不分层诊断方法相比较，分层诊断策略是有明显优势的。

分块诊断策略的主要思想是把整个复杂系统划分成若干独立子系统，从而将复杂系统的诊断问题等效成各子系统的局部诊断问题，然后通过对各子系统的诊断结果进行集成,最终得到复杂系统的诊断结果[131]。被划分的各子系统间通过动作、连接方式和运行方式组合在一起,系统建模时只需考虑子系统的行为及其相互作用,而不用考虑子系统的结构部分,因此分块诊断策略十分适合解决复杂电网的诊断问题,能够大大减小诊断推理的复杂性。

(2) 碰集的搜索算法问题

基于模型的诊断是根据系统的描述表示和当前得到的观测结果,搜索系统的最小冲突集,然后由所得最小冲突集求解所有最小碰集,作为系统候选诊断。在基于模型的诊断过程中最小碰集的求解是十分关键的一步。

碰集的求解被证明是一种 NP-完全问题,因此,提高其求解效率是十分有必要的。从 Peiter 首次提出计算最小碰集的算法 HS-TREE 后,国内外学者相继研究出多种计算最小碰集的算法,如 BHS-TREE[132], DMD-TREE [133],Boolean [134]等基于树或图结构的算法,粒子群算法[135],蜘蛛网算法[136]等随机搜索算法。以上算法主要缺点表现为:① 基于树或图结构的算法,数据结构复杂且空间复杂度较高,不适合求解大规模的碰集问题;② 个别随机搜索算法,只能求解出部分最小碰集,无法保证所有求解结果都是最小碰集,准确性不高,同时搜索效率较低。由于碰集的求解呈现出一种复杂化的发展趋势,使得求解最小碰集的复杂度也大幅增加,因此在实际应用时,碰集搜索算法可能无法达到电网故障诊断对实时性的要求。

(3) 诊断的不确定性问题

基于模型的一致性诊断是常逻辑推理方法,利用该方法进行推理时由于约束条件较少,其推理过程相对简单,但同时会在诊断中引入了不确定性,即诊断结果是一个或多个故障元件集合。由于无法明确地对诊断不确定性进行量化,导致基于模型的诊断在实际应用中效果不佳。

为了解决诊断的不确定性问题,文献[122]在模型诊断的逻辑框架中引入概率信息,提出基于信息理论的方法,可进一步缩小一致性诊断的诊断空间,但该方法要求归纳出全部候选诊断的观测信息的条件分布,而实际复杂系统的故障诊断中,其候选诊断的规模较大,很难得到准确的条件分布;文献[124-125]将概率的数学模型引入到基于模型的诊断过程中,使得元件引发故障的可能性可以通过数值进行明确描述,从而降低诊断的不确定性,但元件故障概率主要基于经验统计给出的定性值,具有一定主观性和局限性;文献[126]通过引入其他约束或新增观测信息对候选诊断做进一步区分,但需要建立额外故障模型或新增观测点,因此很难符合系统诊断对实时性的要求。

2.2　基于模型诊断的电网故障诊断方法

2.2.1　理论扩展

为了实现模型诊断在电网中的应用，基于电网背景下，下文将对模型诊断的相关知识进行扩展。

为了减小诊断推理的复杂性，可根据测点位置的分布将整个电网划分为若干独立子系统，从而将复杂系统的诊断问题等效成各独立子系统的局部诊断问题。子系统由相应最小区域包含的元件构成，所谓最小区域是指以测点为边界构成的区域内无其他测点。例如，图 2-2 所示系统中，黑点表示测点位置，测点测量的电气量包括母线电压相量和支路电流相量，根据测点位置，其被划分成如下子系统（虚线框分别代表不同子系统）：$V_1\{L_1,B_2,L_3\}$，$V_2\{L_2,B_3\}$，$V_3\{L_4,B_5\}$，$V_4\{B_4,L_5\}$。

定义 2-6　元件 c 存在约束方程 $f(X)=0$，如果方程变量 X 均属于可观测量，则称元件 c 具有解析冗余关系。

电网中的元件主要包括电力线路、母线、变压器、隔离开关、断路器等。由于本章获取候选诊断所使用的观测量是在故障发生到断路器断开这段时间间隙内测得，此时，隔离开关和断路器仍处在合闸状态，因此可将断路器和隔离开关认为是电力线路或母线的一部分，不作为电网故障诊断的对象。变压器故障率较低，且文献[124]中给出了详细的基于模型诊断的变压器故障分析过程，因此，本章也不将其作为诊断对象。

电网元件的约束方程具体描述如下：

（1）线路约束方程

在正常情况下，线路输入端电流与输出端电流相等，且输入电压和线路阻抗消耗之差等于输出电压，由此得到线路约束方程：

$$V_{in\_} - Z * I_{out\_} = V_{out\_} \tag{2-1}$$

式中，$I_{out\_}$ 表示线路输出电流；$V_{in\_}$ 表示线路输入电压；$V_{out\_}$ 表示线路输出电压；Z 表示线路等效阻抗（已知线路参数，Z 可以确认）。

（2）母线约束方程

正常运行状态下，基于基尔霍夫电流定律可知，连接在同一母线的进出线电流平衡，由此得到母线约束方程：

$$\sum_{k=1}^{n} I_{k\_in} = \sum_{r=1}^{m} I_{r\_out} \tag{2-2}$$

式中，I_{k_in} 表示母线的第 k 个进线连接点处电流；I_{r_out} 表示母线的第 r 个出线连接点处电流。

基于上述分析，以图 2-2 系统为例，母线 B_2 存在约束方程：$I_{L1}+I_{L2}+I_{L3}=0$，线路 L_2 的约束方程为：$U_{B2}-U_{B3}=Z_{L2}I_{L2}$，由于 I_{L1}、I_{L2}、I_{L3}、U_{B2} 和 U_{B3} 都是可观测量，根据定义 2-6 可知 B_2 和 L_2 均具有解析冗余关系。

定义 2-7 元件 c 具有解析冗余关系，如果系统中与 c 相邻的任意元件发生故障后系统产生新的变量，使得元件 c 的解析冗余关系不成立，则称 c 以其相邻的元件构成了该解析冗余关系的最小支持环境。

例如，子系统 V_2 中 L_2 存在解析冗余关系，在子系统 V_2 中与 L_2 相邻元件为 B_3，由于无论 B_3 故障与否，都不会改变冗余关系中的变量成分，因此，L_2 解析冗余关系的最小支持环境为 $\{L_2\}$；B_3 存在解析冗余关系 $I_{L2}+I_{L4}=0$，在该系统中与 B_3 相邻元件为 L_2，若 L_2 发生故障，则会产生故障电流这个新变量，导致 L_2 的解析冗余关系不成立，因此，B_3 解析冗余关系的最小支持环境为 $\{L_2,B_3\}$。

由于电网中的元件都具有约束方程，因此，系统中包含的元件个数即代表了存在的最小支持环境个数。子系统 V_2 包含两个元件，其存在两个最小支持环境：$\{L_2\}$，$\{L_2,B_3\}$。

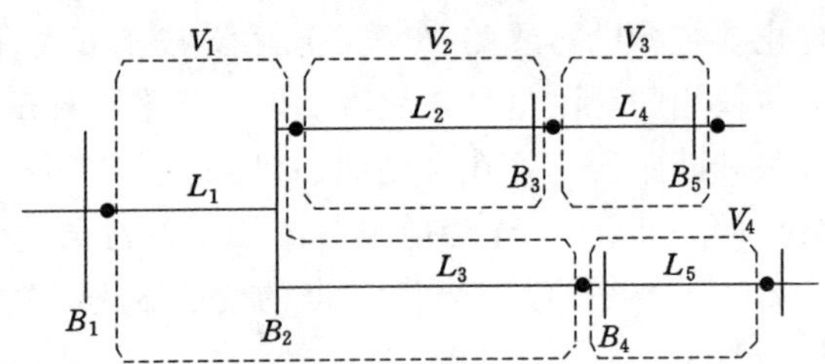

图 2-2 局部电网示意图

定义 2-8 设系统中包含的最小支持环境集为 $O=\{O_1,O_2,\cdots O_n\}$，给定 n 组观测量，若第 i 组观测量不满足 $O_i(i\in\{1,2\cdots n\})$ 对应的约束方程，则表明 O_i 是系统的故障环境。

由上述定义可知，系统输出个数等于系统包含的最小支持环境个数，系统故障输出个数等于系统包含的故障环境数量。

2.2.2 基于因果关系的诊断获取

本章利用系统故障输出与系统元件之间的因果关系推导所有诊断。故障输出与元件之间的因果关系是指元件的故障会导致系统输出结果错误，因此可以根据错误的系统输出结果推理出是哪个或哪些元件发生故障导致故障输出[137]。给出如下相关定义。

定义 2-9[137] 系统的组成元件中，将只影响一个系统输出的元件称为单输出元件；将影响多个系统输出的元件，称为多输出元件。

定义 2-10　设系统输出为 $O=\{O_1,O_2,\cdots,O_n\}(n\geqslant 2)$，组成元件 a 影响的输出为 $O_a=\{a_1,a_2,\cdots,a_p\}(p\geqslant 1,O_a\subseteq O)$，组成元件 β 影响的输出为 $O_\beta=\{\beta_1,\beta_2,\cdots,\beta_q\}(q\geqslant 1,O_\beta\subseteq O)$，如果 $O_{a\beta}=O_a\cap O_\beta(O_{a\beta}\neq\Phi,O_a\neq O_\beta)$，当 a 和 β 都发生故障时，$O_{a\beta}$ 的输出可能为正常值，则称该系统含有故障掩盖。

定理 2-1　系统为含有故障掩盖的系统，则在该系统中必然包含多输出元件；系统中没有故障掩盖，则该系统中元件都为单输出元件。

证明　由定义 2-10 可知，如果系统含有故障掩盖，则至少存在一个元件，其影响的系统输出≥2，因此，由定义 2-9 可知，在含有故障掩盖的系统中必然包含多输出元件；如果系统中没有故障掩盖，此时假设系统中存在多输出元件，则在多输出元件影响的输出中必然存在某个输出 o_i，其包含有除该多输出元件之外的元件，根据定义 2-10 不难得出，该系统含有故障掩盖，假设不成立，因此，系统中没有故障掩盖，则系统中元件都为单输出元件。

例如，图 2-2 所示子系统 V_1 有最小支持环境：$\{L_1\},\{L_3\},\{L_1,B_2,L_3\}$，分别对应 3 个系统输出 O_1,O_2,O_3。元件 B_2 的输出最终只影响 O_3，因此，B_2 为单输出元件；元件 L_1 的输出会影响系统输出 O_1,O_3，元件 L_3 的输出会影响系统输出 O_2,O_3，因此，L_1 和 L_3 都为多输出元件；根据定义 2.10 可知，V_1 有 3 组故障掩盖：$\{L_1,B_2\},\{L_3,B_2\},\{L_1,L_3\}$。

在文献[137]基础上，结合以上定义，给出基于因果关系的诊断获取原理：

① 在不含有故障掩盖的系统中，若只有一个系统故障输出，可以确定是单输出元件发生故障；若存在多个系统故障输出，可以确定是每个故障输出对应的单输出元件发生故障。

② 在含有故障掩盖的系统中，若只有一个系统故障输出，可能是单输出元件发生故障，也可能是引起故障掩盖现象的元件集合发生故障；若有多个系统故障输出，可能是引起故障掩盖现象的元件集合发生故障，也可能是每个故障输出相对应的单输出元件都发生故障，还有可能是能影响多个故障输出的一个多输出元件发生故障。

根据上述原理，给出基于因果关系的诊断获取流程：

① 系统建模：根据系统中可能的输出影响关系，把元件分为单输出元件和多输出元件，并建立两类元件与系统输出的关系，得到系统对应的组件模型库。

② 根据系统中的实际故障输出（观测），按照如下给出的算法找到影响该输出相应的元件集合，即得到系统的所有诊断：

For（单个故障输出系统）

与此故障输出相关的每一个单输出元件构成系统的诊断；

与此故障输出相关的引起故障掩盖现象的元件集合构成系统的诊断；

For(多个故障输出系统)

每个故障输出相关的单输出元件的每一个组合构成系统的诊断；

能影响多个故障输出的一个多输出元件为系统的诊断；

与此故障输出相关的引起故障掩盖现象的元件集合构成系统的诊断。

2.2.3 基于模型诊断的电网故障诊断方案

基于模型的诊断方法应用在复杂系统时，诊断的计算过程很复杂，如果诊断过程都在线运行，则诊断时间会很长。因此，可以先搜索出系统内包含的所有输出，将这些输出按不同的组合假设成是故障的，然后按照基于因果关系的诊断思想，得到各预设故障输出对应的预备候选诊断。这部分工作可在离线状态下进行，只需要在线确定实际的故障输出，然后与不同组合的预设故障输出相匹配，匹配完全的预设故障输出组合对应的预备候选诊断就是系统的实际候选诊断。

根据上述分析，给出基于模型诊断的电网故障诊断方案：

① 根据线路拓扑结构已知和测点位置固定不变的前提，将待诊断电网分解为若干独立子系统；

② 将子系统中的各元件的单相作为一个独立的元件，通过描述这些单相元件内部的约束方程，建立各子系统的诊断模型；

③ 根据建立的诊断模型搜索出各子系统包含的所有最小支持环境，确定系统的输出；

④ 对各子系统进行分析，按不同的组合假设子系统故障输出，然后根据基于因果关系的诊断获取方法得到子系统中不同组合故障输出的预备候选诊断；

⑤ 采集故障发生后断路器动作前时间区间内的电气信息，将一组电气信息以及元件参数代入对应的约束方程中，如果相对残差[124]大于设置的相对误差，那么可以认为该约束方程对应的输出是故障的，依此，得到所有子系统的实际故障输出；

⑥ 在预设故障输出中搜索与实际故障输出相同的输出组合，对应的预备候选诊断确定为系统的候选诊断。

2.3 基于贝叶斯定理的最优诊断识别

2.3.1 基于模型诊断的贝叶斯解释

基于模型的诊断结果一般为一组引起系统故障的候选诊断集合，属于不确定性问题。由于没有明确量化不确定性，只能假设所有候选诊断都可能存在，显然，这与实际应用需求不相符。为了能够从候选诊断集中确定最有可能性的诊断,通常采用的方法是将贝叶斯概率理论引入到模型诊断的逻辑框架中,以概率的形式表示候选诊断存在的可能性[138]。

定义 2-11[139]　假设系统 n 个元件的集合为 $C=\{c_1,c_2,\cdots c_n\}$,其对应的系统状态为 $X=\{x_1,x_2,\cdots,x_n\}$。x_i 表示元件 c_i 状态的布尔变量,当元件 c_i 无故障时,$x_i=0$,当元件 c_i 故障时,$x_i=1$。用 p_i 表示 c_i 无故障的概率,q_i 表示 c_i 故障的概率,则系统状态 $X=\{x_1,x_2,\cdots,x_n\}$ 的概率为:

$$p(X)=\prod_{i=1}^{n} q_i^{x_i} p_i\,(1-x_i) \tag{2-3}$$

在确定系统实际故障输出后,可以得到候选诊断集对应的系统状态集 N_d。假设某一系统状态 $X\in N_d$,则该系统中候选诊断包含元件的状态设为 1,系统其他元件状态设为 0。在确定系统状态集 N_d 前提下,通过式(2-4)可以求出任意候选诊断的故障概率:

$$p'(X)=\frac{p(X)}{p(N_{\mathrm{d}})},X\in N_{\mathrm{d}} \tag{2-4}$$

2.3.2　最优诊断的识别过程

本章采用基于径向基函数(radial basis function,RBF)神经网络推断元件的故障概率,RBF 网络拓扑结构简单,收敛速度快,而且存在唯一最佳逼近值[140],被广泛应用于故障诊断领域。由于只需获取候选诊断集中非共有元件的故障概率,因此采用面向元件的神经网络模型。该模型以电网单个元件为对象,按照不同元件的保护配置规则构建相应的通用诊断模型,故障发生后,以单个元件的相关告警信息作为相应神经网络模型的输入,输出为单个元件的故障概率。

下面分别给出电力线路和母线的通用神经网络诊断模型[141]。

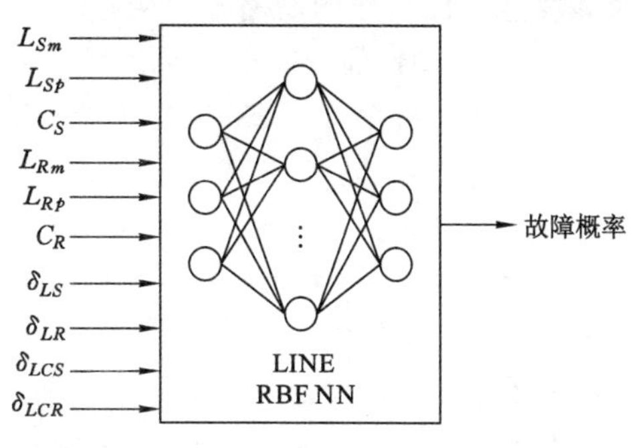

图 2-3　线路诊断模型

(1) 线路的通用诊断模型

线路的关联保护包括主保护 L_{Sm} 和 L_{Rm}、第 1 后备保护 L_{Sp} 和 L_{Rp} 及第 2 后备保护 L_{Ss} 和 L_{Rs}（S、R 分别代表线路的首端和末端（从左到右，由上至下定义首端和末端）；下标 m 表示主保护，p 表示第 1 后备保护，s 表示第 2 后备保护）。线路对应的诊断模型如图 2-3 所示，图中 C_S、C_R 表示主保护及第 1 后备保护对应的断路器，δ_{LS}（δ_{LR}）和 δ_{LCS}（δ_{LCR}）分别为线路 S 侧（R 侧）的第 2 后备保护动作率和对应的断路器跳闸率，其表达式为：

$$\delta_{LS}(\delta_{LCS}) = \frac{M_{LSs}(M_{CSs})}{N_{LSs}(N_{CSs})} \tag{2-5}$$

$$\delta_{LR}(\delta_{LCR}) = \frac{M_{LRs}(M_{CRs})}{N_{LRs}(N_{CRs})} \tag{2-6}$$

其中，M_{LSs}（M_{LRs}）和 M_{CSs}（M_{CRs}）分别表示线路 S 侧（R 侧）动作的第 2 后备保护及对应的断路器个数；N_{LSs}（N_{LRs}）和 N_{CSs}（N_{CRs}）分别为线路 S 侧（R 侧）所有的第 2 后备保护及对应的断路器个数。

(2) 母线的通用诊断模型

与母线关联保护包括主保护 B_m 及第 2 后备保护 B_s。母线对应的诊断模型如图 2-4 所示，其中，δ_{BmC} 表示母线主保护对应的断路器跳闸率，δ_{Bs} 和 δ_{BsC} 为母线的第 2 后备保护动作率和对应的断路器跳闸率。δ_{BmC}、δ_{Bs} 和 δ_{BsC} 的具体表达如式(2-7)～(2-8)所示。

$$\delta_{BmC} = \frac{M_{BmC}}{N_{BmC}} \tag{2-7}$$

$$\delta_{Bs}(\delta_{BsC}) = \frac{M_{Bs}(M_{BsC})}{N_{Bs}(N_{BsC})} \tag{2-8}$$

式中，M_{BmC} 表示与母线相连的已动作的断路器个数；N_{BmC} 表示所有与母线相连的断路器个数；M_{Bs}（M_{BsC}）为已动作的母线第 2 后备保护（母线第 2 保护对应断路器）个数；N_{Bs}（N_{BsC}）为母线所有第 2 后备保护（母线所有第 2 保护对应断路器）个数。

为了提高神经网络诊断模型的容错能力，可以利用元件、保护及断路器三者间的关联，提取出考虑动作不确定性的推理规则[141]，用于训练神经网络诊断模型。

基于上述分析，给出基于贝叶斯定理的最优诊断识别流程：

① 若基于模型的诊断结果为一个候选诊断，可确定该候选诊断即为最优诊断；若诊断结果为候选诊断集，则继续执行以下步骤。

② 由包含候选诊断的所有子系统构成识别系统，将候选诊断所包含元件的状态设为 1，系统其他元件状态设为 0，得到候选诊断集对应的系统状态集 N_d。

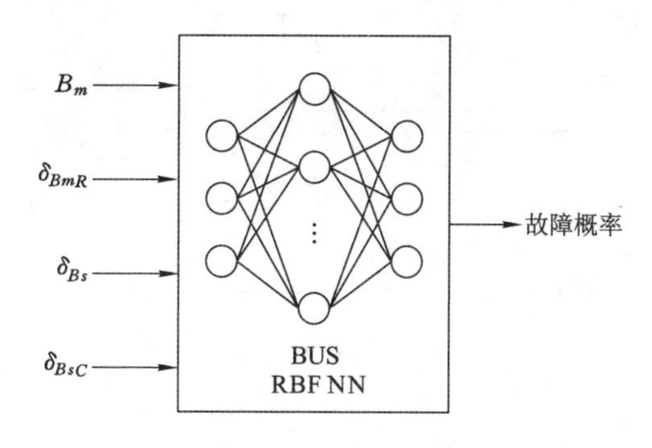

图 2-4　母线诊断模型

③ 将识别系统中除候选诊断集所包含元件外的其他元件的故障概率设为 0.001,候选诊断集所包含共有元件的故障概率设为 0.999,非共有元件则根据上传至调度控制中心的相关告警信息,利用相应的故障诊断模型推断出元件的故障概率。

④ 根据步骤 2 中设置的故障概率,通过式(2-3)求出每个候选诊断对应系统状态的概率。

⑤ 确定的系统状态集 N_d,根据式(2-4)求出所有候选诊断的故障概率,将故障概率按从大到小进行排序,最大概率对应的候选诊断即为最优诊断(将其认为是最有可能性的诊断)。

2.4　算例分析

为了检验本章方法的有效性,采用如图 2-5 所示电网作为故障诊断对象。算例中,母线表示为 $B1$～$B39$,线路为 Lx-y(x 和 y 表示母线编号),断路器表示为 CBx-y(该断路器位于母线 Bx 侧),母线主保护为 Bxm,线路保护表示为 Lx-yk(k=m、p 或 s)。在母线 $B1$～$B39$ 均布置了电压、电流互感器。

2.4.1　故障诊断过程

假设母线 $B14$ 和线路 $L4$-14 的 A 相,线路 $L12$-13 的 C 相发生短路故障,保护和断路器动作及告警信息描述如下:$L4$-14p 和 $L14$-4m 动作,$L4$-14m 拒动,跳开 $CB4$-14、$CB14$-4;$L12$-13m 和 $L13$-12m 动作,跳开 $CB12$-13,$CB13$-12;$L10$-13m 误动,跳开 $CB10$-13;$B14$m 动作,跳开 $CB14$-13,$CB14$-15 拒动,线路保护 $L15$-14s 动作,但漏报,跳开 $CB15$-14。

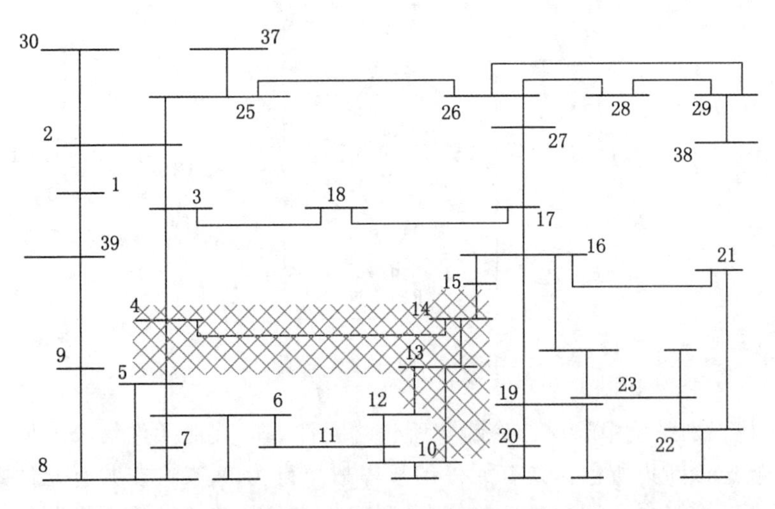

图 2-5　39 节点电网模型

表 2-1　系统输出

最小支持环境	系统输出
{L4-14}	O_1
{L4-5}	O_2
{L4-14,L4-5,B4}	O_3
{L14-15}	O_4
{L13-14}	O_5
{ L14-15,L13-14,B14}	O_6
{L12-13}	O_7
{L10-13}	O_8
{ L12-13,L10-13,B13}	O_9

为了简化分析过程,本章只针对故障相关区域(如图 2-5 阴影部分所示)构建基于模型的诊断模型。

根据测点位置将故障相关区域划分为 3 个子系统:V_1,V_2 和 V_3,其中 V_1 包含元件 L4-14、L4-5、B4,V_2 包含元件 L14-15、L13-14、B14,V_3 包含元件 L10-13、L12-13、B13。搜索 V_1,V_2 和 V_3 包含的所有最小支持环境,确定系统的输出,如表 2-1 所示。

按不同的组合假设各子系统的故障输出,运用基于因果关系的诊断获取方法求解不同组合故障输出的预备候选诊断,结果如表 2-2 所示。在表 2-2 中,预备候选诊断没有区分A、B、C三相,实际分析时将表2-2对应的预备候选诊断分成A相、B相和C相三种。

表2-2　预备候选诊断

故障输出	预备候选诊断	故障输出	预备候选诊断
O_1	{L4-14,B4}	O_1 O_2	{L4-14,L4-5}
O_2	{L4-5,B4}	O_1 O_3	{L4-14}或{L4-14,B4}
O_3	{B4}	O_2 O_3	{L4-5}或{L4-5,B4}
O_4	{L14-15,B14}	O_4 O_5	{L14-15,L13-14}
O_5	{L13-14,B14}	O_4 O_6	{L14-15}或{L14-15,B14}
O_6	{B14}	O_5 O_6	{L13-14}或{L13-14,B14}
O_7	{L12-13,B13}	O_7 O_8	{L12-13,L10-13}
O_8	{L10-13,B13}	O_7 O_9	{L12-13}或{L12-13,B13}
O_9	{B13}	O_8 O_9	{L10-13}或{L10-13,B13}

通过仿真获得设定故障情况下电网内各测点测得的电压、电流,将测量值代入各元件相应的约束方程中,求得所有系统输出的残差,结果如表2-3所示,其中,O_{1A}表示O_1的A相输出,其他以此类推。

由于系统误差的存在,使得在正常观测下部分系统输出的相对残差超过了0.15,因此,设置允许相对误差为0.2。从表2-3中选出相对残差大于0.2的系统输出O_{1A}、O_{3A}、O_{6A}、O_{7C}和O_{9C},由此确定V_1,V_2和V_3的实际故障输出分别为{$O_{1A}O_{3A}$}、{O_{6A}}、{$O_{7C}O_{9C}$}。搜索表2-2中与实际故障输出匹配的情况,确定V_1的候选诊断为{L4-14(A)}或{L4-14(A),B4(A)},V_2的候选诊断为{B14(A)},V_3的候选诊断为{L12-13(C)}或{L12-13(C),B13(C)}。基于此,得到4个系统候选诊断,分别为:{L4-14(A),B14(A),L12-13(C)},{L4-14(A),B14(A),L12-13(C),B13(C)},{L4-14(A),B4(A),B14(A),L12-13(C)},{L4-14(A),B4(A),B14(A),L12-13(C),B13(C)}。

由V_1,V_2和V_3包含的元件构成识别系统元件集{L4-14,L4-5,B4,L14-15,L13-14,B14,L10-13,L12-13,B13},四个候选诊断对应系统状态分别为:{1,0,0,0,0,1,0,1,0},{1,0,0,0,0,1,0,1,1},{1,0,1,0,0,1,0,1,0},{1,0,1,0,0,1,0,1,1}。四个候选诊断中非共有元件为{B4,B13},将B_4和B_{13}的相关告警信息作为母线通用诊断模型的输入,得到B_4的故障概率为0.032,B_{13}的故障概率为0.086。

表 2-3 系统输出的残差

输 出	相对残差	输 出	相对残差
O_{1A}	0.750 1	O_{5C}	0.004 5
O_{1B}	0.027 1	O_{6A}	0.933 8
O_{1C}	0.015 6	O_{6B}	0.146 3
O_{2A}	0.007 3	O_{6C}	0.129 8
O_{2B}	0.005 6	O_{7A}	0.000 8
O_{2C}	0.004 7	O_{7B}	0.1713
O_{3A}	0.649 3	O_{7C}	0.9511
O_{3B}	0.073 2	O_{8A}	0.001 6
O_{3C}	0.190 7	O_{8B}	0.007 8
O_{4A}	0.020 4	O_{8C}	0.003 5
O_{4B}	0.183 3	O_{9A}	0.196 8
O_{4C}	0.047 5	O_{9B}	0.110 3
O_{5A}	0.001 2	O_{9C}	0.847 6
O_{5B}	0.002 9		

表 2-4 候选诊断的故障概率

候选诊断	故障概率
{L4-14A,B14A,L12-13C}	0.885
{L4-14A,B14A,L12-13C,B13C}	0.083
{L4-14A,B4A,B14A,L12-13C}	0.029
{L4-14A,B4A,B14A,L12-13C,B13C}	0.003

将相关参数代入式(2-3)分别计算 4 个系统状态的概率，然后由式(2-4)求得 4 个候选诊断的故障概率，并对故障概率进行排序，结果如表 2-4 所示。参照表 2-4 给出的故障概率，可以确定候选诊断{L4-14(A),B14(A),L12-13(C)}为最优诊断，即母线 B14 的 A 相，线路 L12-13 的 C 相和 L4-14 的 A 相发生故障，符合设定的故障情形。

2.4.2 方法比较与分析

从算例中可以看出，基于模型的诊断方法是根据故障发生后断路器未断开前时间区间内的电气量识别候选诊断，具有一定的预警性。与直接采用面向元件的神经网络模型推断元件故障概率的方法[141]相比，本章方法只需求取非共有元件的故障概率，能有效提高诊断效率。如 2.4.1 节算例中，只需推断 B_4 和 B_{13} 两个元件的故障概率即可确定最优诊断，而如果没有经过基于模型的诊断方法预处理，即使根据断路器信息确定停电区域后，仍有 7 个元件{L4-5，L14-15，L13-14，B14，L10-13，L12-13，B13}需要推断其故障概率，若有边界断路器信息丢失的情况，则需要诊断的范围将扩大，这样必然导致诊断时间延长。

表 2-5　测试算例

算例	告警信息	不确定性描述	故障元件
1	B26m，L26-25m，L25-26m，CB26-25，CB25-26，CB26-27，CB26-28，CB26-29	无	B26，L25-26
2	B3m，L26-29p，L29-26m，CB3-2，CB3-4，CB26-29，CB29-26	L26-29m 拒动，CB3-18 漏报	B3，L26-29
3	L26-29p，L29-26p，CB29-26，L4-3m，L3-4m，CB3-4，CB4-3，L27-26m，L26-27m，L17-27s，CB17-27，CB26-27	L26-29m，L29-26m，CB27-26 拒动，CB26-29 漏报，CB3-2 误动	L26-29，L4-3，L26-27
4	L24-16s，L21-16s，CB24-16，CB15-16，CB21-16	CB16-24，CB16-15 拒动，B16m 漏报	B16
5	L16-17m，L17-16p，CB16-17，CB17-16，L1-39m，CB9-39，L16-19m，L19-16p，CB16-19，CB19-16	L17-16m，L19-16m，CB39-1 拒动，L39-1m，L9-39s，CB1-39 漏报	L16-17，L1-39，L16-19
6	B4m，CB4-3，CB4-5，CB4-14，L4-3m，L2-3s，L18-13s，CB2-3，CB18-13，L25-26m，L26-25m，CB25-26，CB26-25，B2m，CB2-30，CB2-1，CB2-25	L3-4m，L3-4p，L19-16m，CB39-1 拒动	B4，L3-4，B2，L25-26

为了进一步验证本章方法的诊断效果，对表 2-5 中所示的多起故障案例进行测试，并与文献[125-126]、文献[141]方法进行比较，结果如表 2-6 所示。

由表 2-6 可以看出：本章方法能准确地诊断故障元件；用文献[125-126]方法诊断算例 1、6 得到的诊断结果错误，这是由于系统状态概率是由各元件故障或正常的先验概率直接相乘得到，而元件故障的先验概率始终比无故障概率小得多，因此采用贝叶斯定理求得的包含元件少的候选诊断的故障概率会大于包含元件多的候选诊断的故障概率，本章方法采用由告警信息获得的实际故障概率，避免了此情况的出现；算例 5 中，起关键决策作用的告警信息丢失导致文献[141]方法求得的 L1-39 故障概率较小，L1-39 被误判为是无故障的，而本章方法经过基于模型的诊断预处理后,已经确定 $L1$-39 为故障元件。

表 2-6　故障诊断结果

算例	文献[125-126]方法诊断结果	文献[141]方法诊断结果	本章方法诊断结果
1	$L25$-26	$B26$,$L25$-26	$B26$,$L25$-26
2	$B3$,$L26$-29	$B3$,$L26$-29	$B3$,$L26$-29
3	$L26$-29,$L4$-3,$L26$-27	$L26$-29,$L4$-3,$L26$-27	$L26$-29,$L4$-3,$L26$-27
4	$B16$	$B16$	$B16$
5	$L1$-2,$L1$-39,$L16$-19	$L1$-2,$L16$-19	$L1$-2,$L1$-39,$L16$-19
6	$L3$-4,$B2$,$L25$-26	$B4$,$L3$-4,$B2$,$L25$-26	$B4$,$L3$-4,$B2$,$L25$-26

2.5　本章小结

(1) 提出了一种基于模型诊断的电网故障诊断方法。该方法根据故障发生后断路器未断开前测量的电气量识别可能发生故障的元件,具有一定的预警性。在利用贝叶斯定理处理诊断的不确定性时,将告警信息引入到模型诊断逻辑框架内计算元件的实际故障概率,提高了诊断的准确性。

(2) 将对全网的故障诊断分解成对若干独立子系统的故障诊断,降低了诊断的计算复杂性,同时通过离线获得预备候选诊断,在线确认候选诊断的策略,缩减诊断的时间,使得实际诊断时具有较好实时性。

(3) 算例结果表明,本章方法计算简便,能够快速准确地诊断出故障元件,是对目前故障诊断方法的一个补充。

第3章　电网故障诊断的改进解析模型及其最优解求取

上一章研究了基于模型诊断的电网故障诊断新方法，其主要优点是原理简单，推理快速，根据故障发生后断路器未断开前测量的电气量识别可能的故障元件，具有一定的预警性，但基于模型的诊断方法为了测量故障相关电气信息，需要在电网各节点安装同步测量装置，增加了运行成本。基于解析模型的电网故障诊断方法具有严密的理论依据，用成熟的数学分析方法进行求解，推理简单，且不需要额外增加硬件设备，近年来得到快速发展。

电网元件（如母线、变压器、输电线）一般配置有一套或多套保护。当电网中元件发生故障时，与该元件相关的保护将依据保护配置规则动作，驱使关联断路器断开，从而隔离故障元件，并实时将保护动作和断路器断开的告警信息上报。基于解析模型的电网故障诊断方法就是依据接收到的告警信息，通过电网元件状态、保护动作及断路器断开之间的逻辑关系构建解析模型，从而将电网故障诊断问题转换成使目标函数最小化的 0－1 整数规划问题，然后通过求解目标函数最优解实现电网故障诊断。文献[37-38]利用逻辑变量描述保护和断路器的拒动、误动行为，建立了能够评价保护和断路器动作不确定性的诊断模型，但由于上述模型用保护和断路器的告警信息作为模型变量，当存在错误告警信息时，可能引起诊断结果错误。为了克服文献[37-38]中诊断模型的缺点，文献[39-40]分析了保护和断路器动作及告警信息的不确定性，以及元件、保护和断路器三者间的整体关联性，提出了电网故障诊断的完全解析模型；在文献[39]基础上，文献[41]从保护装置层面上分析了拒动行为可能的一致性，构建了一种考虑保护动作行为一致性的解析模型。文献[39-41]模型均能有效提高诊断结果的准确性，然而仍存在以下不足：以扩大模型中变量的维度为代价，增加了诊断难度；模型是一个高纬度逻辑方程组，目前还没有通用的求解方法；在构建解析模型过程中，未考虑各类保护和断路器不确定性概率的差异，导致在求解模型解析解时，起决策作用的故障信息可能合并相消而产生多解。

基于上述分析，本章提出电网故障诊断的一种改进完全解析模型。该模型充分考虑了保护与断路器之间，各类保护之间不确定性概率的差异，通过构建事情评价指标赋予各类保护和断路器不同权值，防止求解模型时决策故障状态的信息合并相消而产生多解和误诊。同时，为了克服利用传统优化算法求解模型解析解陷入局部最优的缺陷，本章将保护和断路器的动作状态与告警信息按照相应的因果逻辑关系关联起来，提出一种基于关联规则的模型求解方法，提高了模型求解方法的通用性。

3.1 电网故障诊断模型的解析

3.1.1 故障场景解析

为了实现故障元件的诊断，前提必须先根据停电区域及保护配置规则选取可疑故障元件和与其关联的保护及断路器。给出如下定义：

可疑故障元件集 $S=\{s_1,s_2,\cdots,s_t,\cdots,s_N\}$，其中 s_t 表示第 t 个可疑故障元件，N 表示可疑故障元件个数。

与 S 相关的保护集 $R=\{r_1,r_2,\cdots,r_t,\cdots,r_Z\}$，其中 r_t 表示第 t 个保护，Z 表示保护个数。

与 S 相关的断路器集 $C=\{c_1,c_2,\cdots,c_t,\cdots,c_K\}$，其中 c_t 表示第 t 个断路器，K 表示断路器个数。

s_t 也用来表示元件的状态，$s_t=0$ 和 $s_t=1$ 分别表示元件 s_t 正常和故障；$r_t(c_t)$ 则用来表示保护（断路器）的动作状态，$r_t=0$ 和 $r_t=1$ 分别表示保护 r_t 未动作和动作，$c_t=0$ 和 $c_t=1$ 分别表示断路器 c_t 吸合和跳闸。

电网的故障诊断过程中存在不确定性，包括保护和断路器动作的不确定性，保护和断路器告警信息的不确定性。保护（断路器）动作的不确定性指保护（断路器）的拒动、误动；保护（断路器）告警信息的不确定性指保护告警信息的漏报、误报。

$M=[M_R,M_C]$ 为保护和断路器误动状态向量，其中，$M_R=[m_{r_1},m_{r_2},\cdots,m_{r_Z}]$，$M_C=[m_{c_1},m_{c_2},\cdots,m_{c_K}]$，$m_r=0(m_c=0)$ 和 $m_r=1(m_c=1)$ 分别表示保护 r（断路器 c）非误动和误动。

$D=[D_R,D_C]$ 为保护和断路器拒动状态向量，其中，$D_R=[d_{r_1},d_{r_2},\cdots,d_{r_Z}]$，$D_C=[d_{c_1},d_{c_2},\cdots,d_{c_K}]$，$d_r=0(d_c=0)$ 和 $d_r=1(d_c=1)$ 分别表示保护 r（断路器 c）非拒动和拒动。

$L=[L_R,L_C]$ 是保护和断路器告警信息漏报的状态向量，其中，$L_R=[l_{r_1},l_{r_2},\cdots,l_{r_Z}]$，$L_C=[l_{c_1},l_{c_2},\cdots,l_{c_K}]$，$l_r=0(l_c=0)$ 和 $l_r=1(l_c=1)$ 分别表示保护 r（断路器 c）的告警信息非漏报和漏报。

$W=[W_R,W_C]$ 是保护和断路器告警信息漏报的状态向量，其中，$W_R=$

$[w_{r_1}, w_{r_2}, \cdots, w_{r_Z}]$，$W_C=[w_{c_1}, w_{c_2}, \cdots, w_{c_K}]$，$w_r=0(w_c=0)$和$w_r=1(w_c=1)$分别表示保护 r（断路器 c）的告警信息非误报和误报。

故障场景解析就是通过上述定义的变量，对可疑故障元件状态、保护和断路器动作状态、保护和断路器动作及其告警信息的不确定性进行完整描述，具体形式如式(3-1)所示。

$$G=(S,R,C,M,D,L,W) \tag{3-1}$$

3.1.2　保护和断路器动作期望的解析

保护和断路器的动作期望是指保护和断路器依照继电保护配置规则要求而作出的响应。在下文分析中符号$\otimes$、$\oplus$、$\overline{\ }$分别表示逻辑运算与、或、非，符号$\otimes$在不影响表达的情况下可省略。

(1) 主保护动作期望

若元件 s 发生故障，其主保护 r_i 的动作期望 r_i 应该有响应，f_{r_i} 可表达为

$$f_{r_i}=s \tag{3-2}$$

(2) 第 1 后备保护动作期望

如果 s 发生故障，其主保护 r_i 未动作，此时第 1 后备保护 r_j 的动作期望 f_{r_j} 应该有响应，f_{r_j} 可表示为

$$f_{r_j}=s\otimes\overline{r_i} \tag{3-3}$$

(3) 第 2 后备保护动作期望

当元件 $s_x\in S(r_k)$故障时($S(r_k)$表示 r_k 保护范围内电网元件的集合)，其主保护 r_i 和第 1 后备保护 r_j 均未动作，则 s_x 的第 2 后备保护 r_k 的动作期望 f_{r_k} 应该动作；如果 r_k 到 s_x 关联路径上的所有断路器未跳闸，此时 f_{r_k} 也应该动作[37]。

$$f_{r_k}=\sum_{s_x\in S(r_k)}(s_x\overline{r_i}\,\overline{r_j})\oplus\sum_{s_x\in S(r_k)}\Big(s_x\prod_{c_l\in p(r_k,s_x)}\overline{c_l}\Big) \tag{3-4}$$

式中，$p(r_k,s_x)$是沿从保护 r_k 到元件 s_x 处的路径上所有断路器的集合。

(4) 断路器动作期望

若任何与断路器 c_p 相关联的保护 r_x 动作，则断路器动作期望 f_{c_p} 应动作。

$$f_{c_p}=\sum_{r_x\in R(c_p)}r_x \tag{3-5}$$

其中，$R(c_p)$表示所有能驱使断路器 c_p 动作的保护集合。

需要说明的是，式(3-2)～式(3-5)是根据通用的继电保护配置规则推导的数学解析，在个别电网中，保护和断路器的配置规则存在特殊性，此时，保护和断路器的动作期望应按实际配置情况进行解析。

3.1.3　动作状态及告警信息的解析

停电区域的形成过程蕴含有许多规则，比如：保护或断路器动作和拒动不可

能同时发生；保护或断路器误动了，就不可能再拒动；误报和漏报不能在同一保护（断路器）告警信息中同时出现；收到告警信息了，就不可能再出现漏报，等。这些规则可以认为是对故障场景的限制，文献[39-40]利用矛盾的逻辑对这些规则进行表述：

① 动作又拒动、拒动又误动、未动又误动、有动作期望又误动、无动作期望又拒动。

② 告警又漏报、未告警又误报、误报又漏报、未动作又漏报、动作又误报。

基于上文对保护动作期望解析，考虑保护的误动和拒动，可知，引起保护 r 动作的状况有两种：

① 保护 r 的动作期望有激励，即 $f_r=1$，且保护 r 未拒动，$d_r=0$；

② 保护 r 发生误动，即 $m_r=1$。

综合保护动作的两种状况，并对矛盾的逻辑进行约束，任一保护 $r\in R$ 动作状态的解析可表示为

$$\begin{cases} r = m_r \oplus f_r \overline{d_r} \\ \bar{r}m_r + rd_r + d_r m_r + \bar{f}_r d_r + f_r m_r = 0 \end{cases} \tag{3-6}$$

同理，任一断路器 $c\in C$ 动作状态的解析可表示为

$$\begin{cases} c = m_c \oplus f_c \overline{d_c} \\ \bar{c}m_c + cd_c + d_c m_c + \bar{f}_c d_c + f_c m_c = 0 \end{cases} \tag{3-7}$$

考虑保护告警信息的误报和漏报，调度中心收到任一保护 $r\in R$ 的告警信息情况包括如下两种：

① 保护 r 动作，即 $r=1$，而保护 r 的告警信息未漏报，$l_r=0$；

② 保护 r 对应的告警信息发生误报，即 $w_r=1$。

综合保护告警信息的两种情况，并对矛盾的逻辑进行约束，任一保护 $r\in R$ 的告警信息 r' 可解析为

$$\begin{cases} r' = w_r \oplus r\overline{l_r} \\ r'l_r + \overline{r'}w_r + w_r l_r + \bar{r}l_r + rw_r = 0 \end{cases} \tag{3-8}$$

同理，将任一断路器 $c\in C$ 的告警信息 c' 解析为

$$\begin{cases} c' = w_c \oplus c\overline{l_c} \\ c'l_c + \overline{c'}w_c + w_c l_c + \bar{c}l_c + cw_c = 0 \end{cases} \tag{3-9}$$

式(3-6)和式(3-7)中保护和断路器动作状态(r,c)以及 r,c 的不确定性（d_r,d_c,m_r,m_c）通过动作期望（f_r,f_c）而充分耦合；式(3-8)和式(3-9)中保护和断路器告警信息(r',c')以及 r',c' 的不确定性（w_r,w_c,l_r,l_c）通过动作状态(r,c)而充分

耦合。这些耦合关系能有效提高解析模型的鲁棒性及故障诊断的容错能力。

3.2　电网故障诊断的改进解析模型

3.2.1　原有完全解析模型分析

文献[39]充分考虑了保护和断路器动作及告警信息的不确定性，并约束了矛盾的逻辑，构建了一种完全解析模型。

$$E'(S,R,C,M,D)=\sum_{i=1}^{Z}\|r-r'\|+\sum_{i=1}^{K}\|c-c'\|+\sum_{i=1}^{Z}(\omega'_1\|d_r\|+\omega'_2\|m_r\|)+\sum_{i=1}^{K}(\omega'_1\|d_c\|+\omega'_2\|m_c\|)+\omega'_3\sum_{i=1}^{2Z+2K}\|F(S,R,C,M,D)\| \tag{3-10}$$

式中，等式右侧第 1、2 项反映保护和断路器告警信息的误报及漏报情况，将保护和断路器动作状态 r、c 与实际的告警信息 r'、c' 对比，如果 $r(c)=0, r'(c')=1$，则称告警信息误报，如果 $r(c)=1, r'(c')=0$，则称告警信息漏报；右侧第 3 项为保护误动及拒动的情况；右侧第 4 项为断路器误动及拒动的情况；等式右侧第 5 项作用是对模型进行约束，其表达式由式(3-6)和式(3-7)联立后得到；ω'_1 为保护和断路器误动的相对权值，ω'_2 表示保护和断路器拒动的相对权值，ω'_3 表示解析模型的保障系数。

采用优化算法使 $E'(S,R,C,M,D)$ 最小化，最小化对应的解(S^*,R^*,C^*,M^*,D^*)即为模型的最优解，其中 S^* 是诊断结果；R^*,C^* 用于对保护和断路器的告警信息进行评价；M^*,D^* 用于对保护和断路器动作进行评价。通过完整保留变量间的耦合关系和对矛盾的逻辑进行约束，模型(3-10)能有效提高故障诊断的准确性，然而仍存在多解和误诊情况。通过分析可知，在模型(3-10)中各类保护和断路器的误动或拒动被赋予相同权值，不同告警信息误报或漏报的权值也相同，而没有考虑各类保护之间，保护与断路器之间不确定性概率的差异，从而在求解模型时，起决策作用的故障信息可能合并相消而产生多解和误诊。

3.2.2　动作及告警信息的不确定性分析

电网的故障诊断过程中存在不确定性，衡量这些不确定性分布的量化指标分别为误动概率、拒动概率、误报概率及漏报概率。

各类保护之间、断路器之间、保护与断路器之间的误动或拒动是各自独立的，而同一保护或断路器的误动和拒动之间存在约束关系，例如：保护误动使得对应的断路器跳闸，这时，断路器跳闸属于正确动作，不是误动，只有无保护驱动下的断路器跳闸，才属于误动；同一保护或断路器不可能存在误动又拒动的情况。同样,不同告警信息误报或漏报是各自独立的,而同一告警信息误报和漏报之间也存在约束关系。由于各类保护之间、断路器之间、保护与断路器之间的动作或告警信息的不确定性是各自独立的,且各类不确性发生的概率也不相同,因此各类保护和断路器在解析模型中的权值理应不同。

3.2.2.1 保护的不确定性分析

将由保护的不确定性及非不确定性构成的事件称为保护事件。保护事件可用包含概率的因果关系描述,如图 3-1 所示。

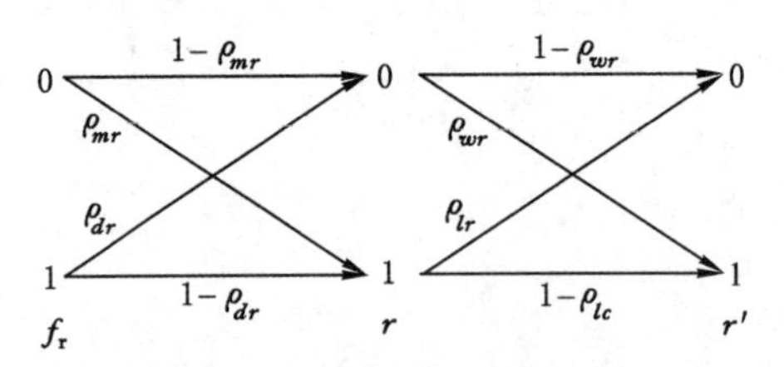

图 3-1 关于保护的因果关系

图中,ρ_{mr}、ρ_{dr} 分别表示保护 r 的误动和拒动概率;ρ_{wr}、ρ_{lr} 分别表示保护 r 告警信息的误报和漏报概率;ρ_{mr} 为保护误动次数比上其应该正确不动作次数;ρ_{dr} 为保护拒动次数比上其应该正确动作次数;ρ_{wr} 为保护告警信息误报的次数比上该保护未动作次数;ρ_{lr} 为保护告警信息漏报的次数比上该保护动作次数。

由图 3-1 可以确定 f_r、r 和 r' 的取值与各类保护事件的对应关系,如表 3-1 所示。保护事件的概率是 f_r、r 和 r' 的函数,记为 $P(f_r,r,r')$,保护事件概率与保护不确定性的关系描述如表 3-2 所示。

表 3-1 保护事件

f_r	r	r'	事件
0	0	0	1
0	0	1	2
0	1	0	3
0	1	1	4
1	0	0	5
1	0	1	6
1	1	0	7
1	1	1	8

表 3-2　保护不确定性与保护事件概率的关系

事件	m_r	d_r	w_r	l_r	$P(f_r,r,r')$
1	0	0	0	0	$(1-\rho_{mr})(1-\rho_{wr})$
2	0	0	1	0	$(1-\rho_{mr})\rho_{wr}$
3	1	0	0	1	$\rho_{mr}\rho_{lr}$
4	1	0	0	0	$\rho_{mr}(1-\rho_{lr})$
5	0	1	0	0	$\rho_{dr}(1-\rho_{wr})$
6	0	1	1	0	$\rho_{dr}\rho_{wr}$
7	0	0	0	1	$(1-\rho_{dr})\rho_{lr}$
8	0	0	0	0	$(1-\rho_{dr})(1-\rho_{lr})$

3.2.2.2　断路器的不确定性分析

将由断路器的不确定性及非不确定性构成的事件称为断路器事件。断路器事情同样可用包含概率的因果关系描述，如图 3-2 所示。

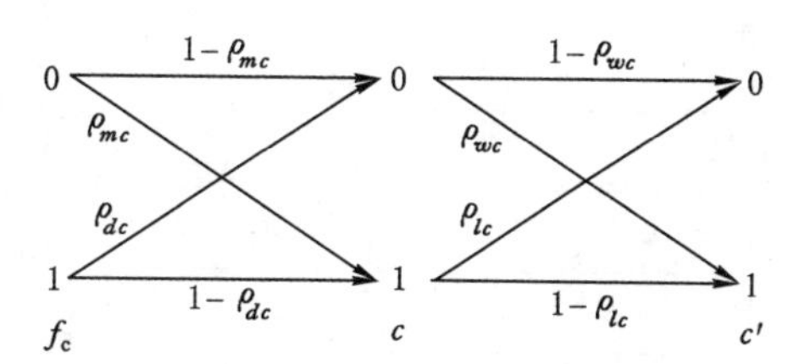

图 3-2　关于断路器的因果关系

图中，ρ_{mc}、ρ_{dc} 分别表示断路器 c 的误动和拒动概率；ρ_{wc}、ρ_{lc} 分别表示断路器告警信息的误报和漏报概率；ρ_{mc} 为断路器误动次数比上其应该正确不动作次数；ρ_{dc} 为断路器拒动次数比上其应该正确动作次数；ρ_{wc} 为断路器告警信息误报的次数比上该保护未动作次数；ρ_{lc} 为断路器告警信息漏报的次数比上该保护动作次数。

由图 3-2 可以确定 f_c、c 和 c' 的取值与各类断路器事件的对应关系，如表 3-3 所示。断路器事件的概率是 f_c、c 和 c' 的函数，记为 $P(f_c,c,c')$，断路器事件概率与断路器不确定性的关系描述如表 3-4 所示。

表 3-3 断路器事件

f_c	c	c'	事件
0	0	0	9
0	0	1	10
0	1	0	11
0	1	1	12
1	0	0	13
1	0	1	14
1	1	0	15
1	1	1	16

表 3-4 断路器不确定性与断路器事件概率的关系

事件	m_c	d_c	w_c	l_c	$P(f_c,c,c')$
9	0	0	0	0	$(1-\rho_{mc})(1-\rho_{\omega c})$
10	0	0	1	0	$(1-\rho_{mc})\rho_{\omega c}$
11	1	0	0	1	$\rho_{mc}\rho_{lc}$
12	1	0	0	0	$\rho_{mc}(1-\rho_{lc})$
13	0	1	0	0	$\rho_{dc}(1-\rho_{\omega c})$
14	0	1	1	0	$\rho_{dc}\rho_{\omega c}$
15	0	0	0	1	$(1-\rho_{dc})\rho_{lc}$
16	0	0	0	0	$(1-\rho_{dc})(1-\rho_{lc})$

3.2.2.3 事件评价指标

引入事情评价指标的定义[40]：如果事情 x 发生概率为 $\rho(\rho\leqslant 1)$，则事件 x 概率的评价指标可表示为

$$\omega(x)=-\ln\rho \tag{3-11}$$

评价指标表示的含义：$\omega(x)$越小，则事情 x 发生的概率越大。

根据式(3-11)得到保护、断路器各类事件发生概率的评价指标，如式(3-12)和(3-13)所示。

$$
\begin{cases}
\omega_1 = -\ln[(1-\rho_{m_r})(1-\rho_{w_r})] \\
\omega_2 = -\ln[(1-\rho_{m_r})\rho_{w_r}] \\
\omega_3 = -\ln(\rho_{m_r}\rho_{l_r}) \\
\omega_4 = -\ln[\rho_{m_r}(1-\rho_{l_r})] \\
\omega_5 = -\ln[\rho_{d_r}(1-\rho_{w_r})] \\
\omega_6 = -\ln(\rho_{d_r}\rho_{w_r}) \\
\omega_7 = -\ln[(1-\rho_{d_r})\rho_{l_r}] \\
\omega_8 = -\ln[(1-\rho_{d_r})(1-\rho_{l_r})]
\end{cases} \tag{3-12}
$$

$$
\begin{cases}
\omega_9 = -\ln[(1-\rho_{m_c})(1-\rho_{w_c})] \\
\omega_{10} = -\ln[(1-\rho_{m_c})\rho_{w_c}] \\
\omega_{11} = -\ln(\rho_{m_c}\rho_{l_c}) \\
\omega_{12} = -\ln[\rho_{m_c}(1-\rho_{l_c})] \\
\omega_{13} = -\ln[\rho_{d_c}(1-\rho_{w_c})] \\
\omega_{14} = -\ln(\rho_{d_c}\rho_{w_c}) \\
\omega_{15} = -\ln[(1-\rho_{d_c})\rho_{l_c}] \\
\omega_{16} = -\ln[(1-\rho_{d_c})(1-\rho_{l_c})]
\end{cases} \tag{3-13}
$$

3.2.3　改进解析模型

根据表 3-2 得到保护各类事件存在状态的表达式，如式(3-14)所示。

$$
\begin{cases}
t_1 = |(f_r-1)(m_r-1)(d_r-1)(w_r-1)(l_r-1)| \\
t_2 = |(f_r-1)(m_r-1)(d_r-1)(w_r-0)(l_r-1)| \\
t_3 = |(f_r-1)(m_r-0)(d_r-1)(w_r-1)(l_r-0)| \\
t_4 = |(f_r-1)(m_r-0)(d_r-1)(w_r-1)(l_r-1)| \\
t_5 = |(f_r-0)(m_r-1)(d_r-0)(w_r-1)(l_r-1)| \\
t_6 = |(f_r-0)(m_r-1)(d_r-0)(w_r-0)(l_r-1)| \\
t_7 = |(f_r-0)(m_r-1)(d_r-1)(w_r-1)(l_r-0)| \\
t_8 = |(f_r-0)(m_r-1)(d_r-1)(w_r-1)(l_r-1)|
\end{cases} \tag{3-14}
$$

式中，t_x 表示事件 x 存在状态，$t_x=1$ 说明该事件存在，$t_x=0$ 说明该事件不存在。

例如：当$(m_r,d_r,w_r,l_r)=(1,0,0,1)$时，由式(3-14)可知，$t_1=0$，$t_2=0$，$t_3=1$，$t_4=0$，$t_5=0$，$t_6=0$，$t_7=0$，$t_8=0$，说明事件 3 存在，而其他事件不存在。

根据表 3-4 得到断路器各类事件存在状态的表达式，如式 (3-15)所示。

基于上述分析，本章利用事件评价指标和事件存在状态，构建如式(3-16)所示改进完全解析模型。

$$\begin{cases} t_9 = |(f_c - 1)(m_c - 1)(d_c - 1)(w_c - 1)(l_c - 1)| \\ t_{10} = |(f_c - 1)(m_c - 1)(d_c - 1)(w_c - 0)(l_c - 1)| \\ t_{11} = |(f_c - 1)(m_c - 0)(d_c - 1)(w_c - 1)(l_c - 0)| \\ t_{12} = |(f_c - 1)(m_c - 0)(d_c - 1)(w_c - 1)(l_c - 1)| \\ t_{13} = |(f_c - 0)(m_c - 1)(d_c - 0)(w_c - 1)(l_c - 1)| \\ t_{14} = |(f_c - 0)(m_c - 1)(d_c - 0)(w_c - 0)(l_c - 1)| \\ t_{15} = |(f_c - 0)(m_c - 1)(d_c - 1)(w_c - 1)(l_c - 0)| \\ t_{16} = |(f_c - 0)(m_c - 1)(d_c - 1)(w_c - 1)(l_c - 1)| \end{cases} \tag{3-15}$$

$$\begin{aligned} E(G) = & \sum_{r \in R} (\omega_1 t_1 + \omega_2 t_2 + \omega_3 t_3 + \omega_4 t_4 + \omega_5 t_5 + \\ & \omega_6 t_6 + \omega_7 t_7 + \omega_8 t_8) + \sum_{c \in C} (\omega_9 t_9 + \omega_{10} t_{10} + \omega_{11} t_{11} + \\ & \omega_{12} t_{12} + \omega_{13} t_{13} + \omega_{14} t_{14} + \omega_{15} t_{15} + \omega_{16} t_{16}) \end{aligned} \tag{3-16}$$

从模型(3-16)可以看出,除了权值的分配与模型(3-10)明显不同外,模型(3-16)中还省略了约束矛盾逻辑的项,但这些矛盾逻辑体现在下文建立的关联规则中。通过基于关联规则的模型求解方法,模型变量间的耦合关系和对矛盾逻辑的约束能够完整保留,保证了模型求解的准确性。

3.2.4 解析模型的化简

模型(3-16)中引入保护和断路器的不确定性变量,增大了模型参数的维度。当发生较为复杂电网故障时,与可疑故障元件关联的保护和断路器通常较多,对应解析模型中待求变量的个数多达 $N+5Z+5K$,这对模型的求解是不利的。为了降低待求变量的个数,可以通过深入挖掘保护和断路器动作及告警信息的不确定性蕴含的规则,解耦故障元件状态、关联保护及断路器动作之间的关联关系,从而实现解析模型的化简。具体解耦过程如下[143]:

将式(3-6)中第 2 式表示成

$$\begin{cases} \bar{r} m_r = 0 \\ r d_r = 0 \\ d_r m_r = 0 \\ \bar{f}_r d_r = 0 \\ f_r m_r = 0 \end{cases} \tag{3-17}$$

对式(3-6)中第 1 式进行等价变换,在变换过程中相应地代入式(3-17)中的各式,变换过程如下

$$
\begin{aligned}
& r\overline{f_r\overline{d_r}\oplus m_r}\oplus\bar{r}(f_r\overline{d_r}\oplus m_r)=0 \\
& \Rightarrow r\overline{f_r}\,\overline{m_r}\oplus\bar{r}f_r\overline{d_r}=0 \\
& \Rightarrow(r\overline{\overline{f_r}m_r}\oplus\overline{r\overline{f_r}}m_r)\oplus(\bar{r}f_r\overline{d_r}\oplus\overline{\bar{r}f_r}d_r)=0 \\
& \Rightarrow\begin{cases} r\overline{\overline{f_r}m_r}\oplus\overline{r\overline{f_r}}m_r=0 \\ \bar{r}f_r\overline{d_r}\oplus\overline{\bar{r}f_r}d_r=0 \end{cases} \\
& \Rightarrow\begin{cases} m_r=r\overline{f_r} \\ d_r=\bar{r}f_r \end{cases}
\end{aligned}
\tag{3-18}
$$

同理,对式(3-7)的第 1 式做上述类似的等价变换,推导出

$$
\begin{cases} m_c=c\overline{f_c} \\ d_c=\bar{c}f_c \end{cases}
\tag{3-19}
$$

将式(3-8)中第 2 式表示成

$$
\begin{cases} r'l_r=0 \\ \overline{r'}w_r=0 \\ w_rl_r=0 \\ \bar{r}l_r=0 \\ rw_r=0 \end{cases}
\tag{3-20}
$$

结合式(3-20),按照式(3-18)的变换形式对式(3-8)和式(3-9)的第 1 式进行等价变换,得到

$$
\begin{cases} w_r=r'\bar{r} \\ l_r=\overline{r'}r \end{cases}
\tag{3-21}
$$

$$
\begin{cases} w_c=c'\bar{c} \\ l_c=\overline{c'}c \end{cases}
\tag{3-22}
$$

至此,通过上述等价变换实现了保护和断路器的动作状态与动作不确定性的解耦,保护和断路器的告警信息和信息不确定性的解耦。保护和断路器的拒动与误动均表示成与动作状态和动作期望相关的函数,保护和断路器告警信息的误报与漏报也表示为与告警信息和动作状态相关的函数。将式(3-18)、式(3-19)、式(3-21)和式(3-22)代入解析模型(3-16)中,得到:

$$
E(S,R,C)=\sum_{r\in R}[\omega_1\mid(f_r-1)(r\overline{f_r}-1)(\bar{r}f_r-1)(r'\bar{r}-1)(\overline{r'}r-1)\mid+
$$

$$\omega_2 \mid (f_r-1)(r\bar{f}_r-1)(\bar{r}f_r-1)(r'\bar{r}-0)(\overline{r'}r-1) \mid +$$

$$\omega_3 \mid (f_r-1)(r\bar{f}_r-0)(\bar{r}f_r-1)(r'\bar{r}-1)(\overline{r'}r-0) \mid +$$

$$\omega_4 \mid (f_r-1)(r\bar{f}_r-0)(\bar{r}f_r-1)(r'\bar{r}-1)(\overline{r'}r-1) \mid +$$

$$\omega_5 \mid (f_r-0)(r\bar{f}_r-1)(\bar{r}f_r-0)(r'\bar{r}-1)(\overline{r'}r-1) \mid +$$

$$\omega_6 \mid (f_r-0)(r\bar{f}_r-1)(\bar{r}f_r-0)(r'\bar{r}-0)(\overline{r'}r-1) \mid +$$

$$\omega_7 \mid (f_r-0)(r\bar{f}_r-1)(\bar{r}f_r-1)(r'\bar{r}-1)(\overline{r'}r-0) \mid +$$

$$\omega_8 \mid (f_r-0)(r\bar{f}_r-1)(\bar{r}f_r-1)(r'\bar{r}-1)(\overline{r'}r-1) \mid]+$$

$$\sum_{c\in C}[\omega_9 \mid (f_c-1)(c\bar{f}_c-1)(\bar{c}f_c-1)(c'\bar{c}-1)(\overline{c'}c-1) \mid$$

$$\omega_{10} \mid (f_c-1)(c\bar{f}_c-1)(\bar{c}f_c-1)(c'\bar{c}-0)(\overline{c'}c-1) \mid +$$

$$\omega_{11} \mid (f_c-1)(c\bar{f}_c-0)(\bar{c}f_c-1)(c'\bar{c}-1)(\overline{c'}c-0) \mid +$$

$$\omega_{12} \mid (f_c-1)(c\bar{f}_c-0)(\bar{c}f_c-1)(c'\bar{c}-1)(\overline{c'}c-1) \mid +$$

$$\omega_{13} \mid (f_c-0)(c\bar{f}_c-1)(\bar{c}f_c-0)(c'\bar{c}-1)(\overline{c'}c-1) \mid +$$

$$\omega_{14} \mid (f_c-0)(c\bar{f}_c-1)(\bar{c}f_c-0)(c'\bar{c}-0)(\overline{c'}c-1) \mid +$$

$$\omega_{15} \mid (f_c-0)(c\bar{f}_c-1)(\bar{c}f_c-1)(c'\bar{c}-1)(\overline{c'}c-0) \mid +$$

$$\omega_{16} \mid (f_c-0)(c\bar{f}_c-1)(\bar{c}f_c-1)(r'\bar{c}-1)(\overline{r'}c-1) \mid] \quad (3\text{-}23)$$

由式(3-23)可以看出，化简后的解析模型以 S、R、C 为优化变量，当 S、R、C 的值确定后，$G=(S,R,C,M,D,L,W)$ 中其他变量值可根据式(3-18)、(3-19)、(3-21)和(3-22)解得。通过上述化简，解析模型中未知变量的个数由原先 $N+5Z+5K$ 个下降为 $N+Z+K$ 个，实现了对模型的降维。

3.3 解析模型的建模方法

3.3.1 模型相关参数的确定

建立式(3-23)所示解析模型的难点在于对保护和断路器动作期望的解析，而解析动作期望的关键在于确定可疑故障元件及其关联的保护和断路器配置。当电网发生故障时，与故障元件相关的保护将动作，驱使对应的断路器跳闸，隔离故障元件，形成一个或多个停电区域。停电区域是由对故障元件作出响应保护驱使断路器动作后形成，这些断路器位于停电区域内和边界上，而停电区域内所有元件均认为是可疑故障元件。

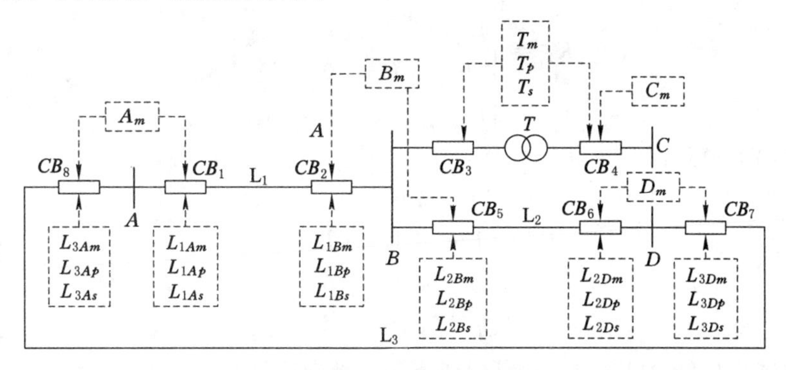

图 3-3　局部电网示意图

本章采用 3-D 矩阵[24,144]来选定元件关联的保护和断路器。以图 3-3 所示局部电网为例，根据 3-D 矩阵的定义可将该局部电网描述成式(3-24)所示拓扑矩阵、式 (3-25)～式(3-27)所示保护矩阵和式(3-28)所示断路器矩阵。

拓扑矩阵：

$$\boldsymbol{K}_1=\begin{bmatrix} A & L_1 & 0 & L_3 \\ L_1 & B & T & L_2 \\ 0 & T & C & 0 \\ L_3 & L_2 & 0 & D \end{bmatrix} \tag{3-24}$$

式中，矩阵对角元素为母线，非对角元素为两母线间连接的元件。

主保护矩阵：

$$\boldsymbol{K}_2=\begin{bmatrix} A_m & L_{1Am} & 0 & L_{3Am} \\ L_{1Bm} & B_m & T_m & L_{2Bm} \\ 0 & T_m & C_m & 0 \\ L_{3Dm} & L_{2Dm} & 0 & D_m \end{bmatrix} \tag{3-25}$$

第 1 后备保护矩阵：

$$\boldsymbol{K}_3=\begin{bmatrix} 0 & L_{1Ap} & 0 & L_{3Ap} \\ L_{1Bp} & 0 & T_p & L_{2Bp} \\ 0 & T_p & 0 & 0 \\ L_{3Dp} & L_{2Dp} & 0 & 0 \end{bmatrix} \tag{3-26}$$

第 2 后备保护矩阵：

$$\boldsymbol{K}_4 = \begin{bmatrix} 0 & L_{1As} & 0 & L_{3As} \\ L_{1Bs} & 0 & T_s & L_{2Bs} \\ 0 & T_s & 0 & 0 \\ L_{3Ds} & L_{2Ds} & 0 & 0 \end{bmatrix} \tag{3-27}$$

断路器矩阵：

$$\boldsymbol{K}_5 = \begin{bmatrix} 0 & CB_1 & 0 & CB_8 \\ CB_2 & 0 & CB_3 & CB_5 \\ 0 & CB_4 & 0 & 0 \\ CB_7 & CB_6 & 0 & D \end{bmatrix} \tag{3-28}$$

根据矩阵(3-24)～(3-28)可得如下逻辑推理信息。

① 拓扑矩阵中元件的主保护和第1后备保护分别对应于主保护矩阵和第1后备保护矩阵相应位置的元素；拓扑矩阵中元件的第2后备保护则对应于第2后备保护矩阵中除拓扑矩阵元件位置外相应列的其他全部元素。

② 主保护矩阵中母线主保护关联的断路器对应于断路器矩阵中相应行的全部元素；线路保护和变压器保护关联的断路器对应于断路器矩阵相应位置元素。

3.3.2 解析模型的建模过程

根据上述逻辑推理信息，可以快速地确定与可疑故障元件相关的保护和断路器。解析模型的构建过程归纳如下：

① 根据断路器告警信息确定停电区域，得到可疑故障元件集 S。

② 参照电网拓扑结构，将停电区域网络表示成3-D矩阵的形式，由此确定保护集 R 和断路器集 C。

③ 根据拓扑矩阵和保护矩阵，选取可疑故障元件对应的主保护、第1后备保护和第2后备保护；根据保护矩阵和断路器矩阵，选取各个保护对应的断路器。

④ 在确定可疑故障元件及其相关保护和断路器配置后，根据电网拓扑结构推导任一保护 $r \in R$ 所保护元件的关联路径，确定被保护元件关联路径上断路器集合 $p(r,s)$。

⑤ 根据式(3-2)～式(3-4)确定所有保护的动作期望解析，根据式(3-5)确定所有断路器的动作期望解析。

⑥ 将所有保护和断路器的动作期望解析式代入模型(3-23)中，完成解析模型的建模。

以图3-4所示电网系统为例，对解析模型的建模方法进行说明。当母线 B_1、线路 L_1 发生故障后，造成停电区域如图3-4阴影部分所示。停电区域包含

4 个可疑故障元件 L_1、B_1、L_4、T_2，对应 $S=\{s_1, s_2, \cdots, s_4\}$，7 个相关断路器 CB_{11}、CB_9、CB_7、CB_5、CB_3、CB_6、CB_{28}，对应 $C=\{c_1, c_2, \cdots, c_7\}$。

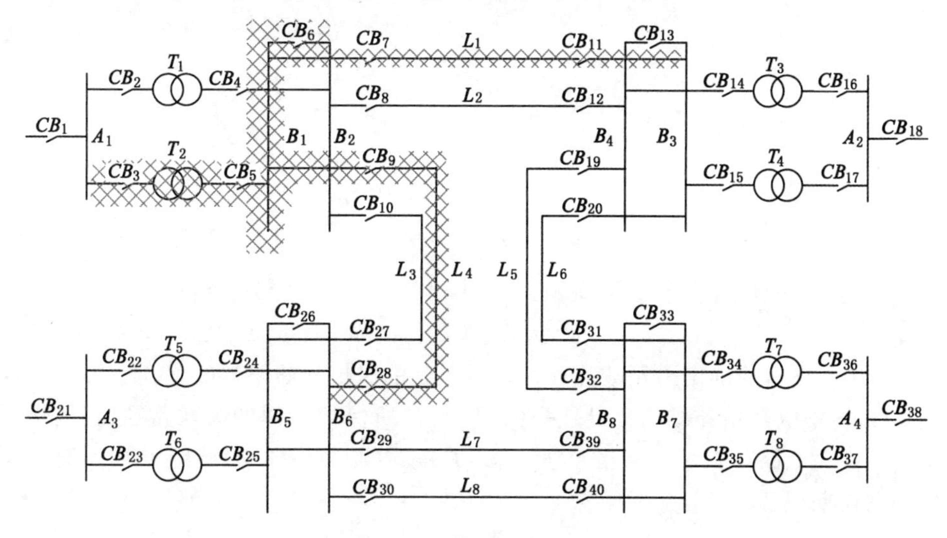

图 3-4　典型电网测试系统

基于此故障背景，根据上述建模步骤 1～6 建立解析模型：

(1) 根据停电区域网络拓扑，将停电区域表示成 3-D 矩阵的形式：

$$
\boldsymbol{K}_1=\begin{bmatrix} B_3 & L_1 & 0 & 0 \\ L_1 & B_1 & T_2 & L_4 \\ 0 & T_2 & A_1 & 0 \\ 0 & L_4 & 0 & B_6 \end{bmatrix}
$$

$$
\boldsymbol{K}_2=\begin{bmatrix} \mathrm{B_{3m}} & \mathrm{L_1 S_m} & 0 & 0 \\ \mathrm{L_1 R_m} & \mathrm{B_{1\,m}} & \mathrm{T_{2m}} & \mathrm{L_4 S_m} \\ 0 & \mathrm{T_{2m}} & \mathrm{A_{1m}} & 0 \\ 0 & \mathrm{L_4 R_m} & 0 & \mathrm{B_{6m}} \end{bmatrix}
$$

$$
\boldsymbol{K}_3=\begin{bmatrix} 0 & L_1 S_m & 0 & 0 \\ L_1 R_p & 0 & T_2 p & L_4 S_p \\ 0 & T_2 p & 0 & 0 \\ 0 & L_4 R_p & 0 & 0 \end{bmatrix}
$$

$$\boldsymbol{K}_4=\begin{bmatrix}0 & L_1S_s & 0 & 0\\ L_1R_s & 0 & T_2s & L_4S_s\\ 0 & T_2s & 0 & 0\\ 0 & L_4R_s & 0 & 0\end{bmatrix}$$

$$\boldsymbol{K}_5=\begin{bmatrix}0 & CB_{11} & 0 & 0\\ C_{B7} & 0 & C_{B5} & C_{B9}\\ 0 & C_{B3} & 0 & 0\\ 0 & CB_{28} & 0 & D\end{bmatrix}$$

② 搜索 3-D 矩阵，选定可疑故障元件相关联保护，共 16 个：B_{1m}、T_{2m}、T_{2p}、T_{2s}、L_{1Sm}、L_{1Rm}、L_{1Sp}、L_{1Rp}、L_{1Ss}、L_{1Rs}、L_{4Sm}、L_{4Rm}、L_{4Sp}、L_{4Rp}、L_{4Ss}、L_{4Rs}，对应 $R=\{r_1,r_2,\cdots,r_{16}\}$，并确定可疑故障元件及其关联的保护和断路器配置。

③ 根据电网拓扑结构推导任一保护 $r\in R$ 所保护元件的关联路径，得到被保护元件关联路径上断路器集合 $p(r,s)$，并按式(3-2)～(3-4)确定 R 内所有保护的动作期望解析：

$f_{r_1}=s_2$；

$f_{r_2}=s_4$；

$f_{r_3}=s_4\ \overline{r_2}$；

$f_{r_4}=s_1\ \overline{r_6r_8}\oplus s_3\ \overline{r_{11}r_{13}}\oplus s_2\ \overline{r_1}\oplus s_1\ \overline{c_3c_4}\oplus s_3\ \overline{c_2c_4}\oplus s_2\ \overline{c_4}$；

$f_{r_5}=s_1$；

$f_{r_6}=s_1$；

$f_{r_7}=s_1\ \overline{r_5}$；

$f_{r_8}=s_1\ \overline{r_6}$；

$f_{r_9}=s_4\ \overline{r_2r_3}\oplus s_2\ \overline{r_1}\oplus s_3\ \overline{r_{11}r_{13}}\oplus s_4\ \overline{c_4c_3}\oplus s_2\ \overline{c_3}\oplus s_3\ \overline{c_2c_3}$；

$f_{r_{10}}=0$；

$f_{r_{11}}=s_3$；

$f_{r_{12}}=s_3$；

$f_{r_{13}}=s_3\ \overline{r_{11}}$；

$f_{r_{14}}=s_3\ \overline{r_{12}}$；

$f_{r_{15}}=0$。

$f_{r_{16}}=s_1\ \overline{r_6r_8}\oplus s_2\ \overline{r_1}\oplus s_4\ \overline{r_2r_3}\oplus s_1\ \overline{c_2c_3}\oplus s_2\ \overline{c_2}\oplus s_4\ \overline{c_2c_4}$

(4) 按式(3-5)确定 R 内所有断路器的动作期望解析：

$f_{c_1}=r_5\oplus r_7\oplus r_9$；

$f_{c_2}=r_1\oplus r_{11}\oplus r_{13}\oplus r_{15}$；

$f_{c_3}=r_1\oplus r_6\oplus r_8\oplus r_{10}$；

$f_{c_4}=r_1\oplus r_2\oplus r_3\oplus r_4$；

$f_{c_5}=r_2\oplus r_3\oplus r_4$；

$f_{c_6}=r_1$；

$f_{c_7}=r_{12}\oplus r_{14}\oplus r_{16}$。

(5) 将所有保护和断路器的动作期望解析代入式(3-23)中，完成解析模型的建模。

3.4　基于关联规则的解析模型最优解求取

目前，电网故障诊断解析模型的求解多采用智能优化算法，如遗传算法，粒子群算法，模拟退火算法等，但利用传统优化算法进行模型求解时会出现陷入局部最优而产生错误最优解的情况，对此，本节将故障过程中保护和断路器的动作状态与告警信息按照保护配置规则关联起来，提出一种新的模型求解方法：关联规则法。

3.4.1　基础规则分析

假设已知$(f_r,r')=(0,0)$，则由图3-1可推导出该情形下，f_r,r,r'三者间的因果关系有两种，由这两种因果关系可得到保护的不确定性状态，即当$r=0$时，$\{m_r,d_r,w_r,l_r\}=\{0,0,0,0\}$；当$r=1$时，$\{m_r,d_r,w_r,l_r\}=\{1,0,0,1\}$。同理，可得到其他情形下保护的不确定性状态。基于此，保护基础规则可归纳为：

① 当无保护动作期望，也无保护告警信息时，若保护动作状态为0，则$\{m_r,d_r,w_r,l_r\}=\{0,0,0,0\}$。

② 当无保护动作期望，也无保护告警信息时，若保护动作状态为1，则$\{m_r,d_r,w_r,l_r\}=\{1,0,0,1\}$。

③ 当无保护动作期望，有保护告警信息时，若保护动作状态为1，则$\{m_r,d_r,w_r,l_r\}=\{1,0,0,0\}$。

④ 当无保护动作期望，有保护告警信息时，若保护动作状态为0，则$\{m_r,d_r,w_r,l_r\}=\{0,0,1,0\}$。

⑤ 当有保护动作期望，无保护告警信息时，若保护动作状态为0，则$\{m_r,d_r,w_r,l_r\}=\{0,1,0,0\}$。

⑥ 当有保护动作期望，无保护告警信息时，若保护动作状态为1，则$\{m_r,d_r,w_r,l_r\}=\{0,0,0,1\}$。

⑦ 当有保护动作期望，有保护告警信息时，若保护动作状态为0，则$\{m_r,d_r,w_r,l_r\}=\{0,1,1,0\}$。

⑧ 当有保护动作期望，有保护告警信息时，若保护动作状态为 1，则$\{m_r, d_r, w_r, l_r\}=\{0,0,0,0\}$。

保护基础规则 1 和 8 属于保护的正常状态，即动作期望无响应时，动作状态和告警信息都为 0，无拒动、误动情况；当动作期望有响应时，动作状态和告警信息都为 1，无拒动、误动情况。规则 2～7 反映了保护的不确定性情况：规则 2 表示保护误动，且告警信息漏报；规则 3 表示保护误动；规则 4 表示告警信息漏报；规则 5 表保护拒动；规则 6 表示告警信息误报；规则 7 表示保护拒动，且告警信息误报。从实际电网故障情形来看，规则 2 和规则 7 两种情况属于小概率事件，可假设其在实际的故障诊断中不会发生，因此，在建立关联规则时该两项基础规则可忽略。为了表述方便，保护基础规则可简写为 $BRx(r)(m_r, d_r, w_r, l_r)$的形式。将所有保护基础规则表示成简写形式，具体如下。

$$\begin{cases} BR1(r)(0,0,0,0) \\ BR2(r)(1,0,0,0) \\ BR3(r)(0,0,1,0) \\ BR4(r)(0,1,0,0) \\ BR5(r)(0,0,0,1) \\ BR6(r)(0,0,0,0) \end{cases} \tag{3-29}$$

由图 3-2 可推导出$(f_c, c')=(0,0)$情形下对应的断路器不确定性状态，即，当 $c=0$ 时，$\{m_c, d_c, w_c, l_c\}=\{0,0,0,0\}$；当 $c=1$ 时，$\{m_c, d_c, w_c, l_c\}=\{1,0,0,1\}$。同理，可得到其他情形下断路器的不确定性状态。基于此，断路器基础规则可归纳为：

① 当无断路器动作期望，也无断路器告警信息时，若断路器动作状态为 0，则$\{m_c, d_c, w_c, l_c\}=\{0,0,0,0\}$。

② 当无断路器动作期望，也无断路器告警信息时，若断路器动作状态为 1，则$\{m_c, d_c, w_c, l_c\}=\{1,0,0,1\}$。

③ 当无断路器动作期望，有断路器告警信息时，若断路器动作状态为 1，则$\{m_c, d_c, w_c, l_c\}=\{1,0,0,0\}$。

④ 当无断路器动作期望，有断路器告警信息时，若断路器动作状态为 0，则$\{m_c, d_c, w_c, l_c\}=\{0,0,1,0\}$。

⑤ 当有断路器动作期望，无断路器告警信息时，若断路器动作状态为 0，则$\{m_c, d_c, w_c, l_c\}=\{0,1,0,0\}$。

⑥ 当有断路器动作期望，无断路器告警信息时，若断路器动作状态为 1，则$\{m_c, d_c, w_c, l_c\}=\{0,0,0,1\}$。

⑦ 当有断路器动作期望，有断路器告警信息时，若断路器动作状态为 0，则

$\{m_c, d_c, w_c, l_c\}=\{0,1,1,0\}$。

⑧ 当有断路器动作期望，有断路器告警信息时，若断路器动作状态为 1，则 $\{m_c, d_c, w_c, l_c\}=\{0,0,0,0\}$。

与保护基础规则的分析类似，排除断路器规则 2 和规则 7 两种小概率事件，最终得到断路器基础规则的简写形式。

$$\begin{cases} BR1(c)(0,0,0,0) \\ BR2(c)(1,0,0,0) \\ BR3(c)(0,0,1,0) \\ BR4(c)(0,1,0,0) \\ BR5(c)(0,0,0,1) \\ BR6(c)(0,0,0,0) \end{cases} \tag{3-30}$$

3.4.2　关联规则的建立

基于式(3-29)和式(3-30)将故障过程中保护和断路器的动作状态与告警信息按照保护配置规则关联起来，表示成如图 3-5 所示的关联规则。

电网故障诊断的解析方法就是把故障诊断表示成使解析模型最小化的问题，基于此原理，可将规则 1 进行化简。将关联规则 1 化简后再代入求解模型最优解的过程中，可以在一定程度上减小计算量。下面以图 3-3 中线路 L_1 发生故障为例，对规则的简化过程进行说明。

假设主保护及第 1 后备保护告警信息为：$L'_{1Am}=0$、$L'_{1Ap}=1$、$L'_{1Bm}=1$、$L'_{1Bp}=0$，此时关联规则 1 如图 3-6 所示。

从图 3-6(a)可以看出，路径①、②、③都满足 $L_{1Am}\oplus L_{1Ap}=1$，$f'_{r_k}=0$，其对后续规则的推导影响相同，将路径①中的不确定性参数(此时假设后续路径中参数都为 0)代入式(3-16)中得最小值，因此，路径②、③可去除，只保留路径①；路径④中 $r_i\oplus r_j=0$，而路径⑤中 $r_i\oplus r_j=1$，两者条件不相等，因此，路径④、⑤都得保留。而图 3-6(b)中路径①、②、③已经是已知告警信息下最简化形式，因此保留路径①、②、③。最终得到简化的关联规则 1 如图 3-7 所示。

当告警信息取其他值时，根据上述思想，同样可以将规则 1 化简，这里不再赘述。

3.4.3　解析模型最优解的求取

本章采用关联规则求解解析模型最优解，实现故障诊断的过程归纳如下：

① 基于已获取的主保护、第 1 后备保护的告警信息，沿规则 1 中箭头方向，得到所有可疑故障元件主保护和第 1 后备保护的 t 组状态组合，状态包括：保护动作状态 R_i，误动状态 M_i，拒动状态 D_i，误报状态 W_i，漏报状态 L_i，及第 2 后备保护动作期望，其中 $i=1,2,\cdots,t$。

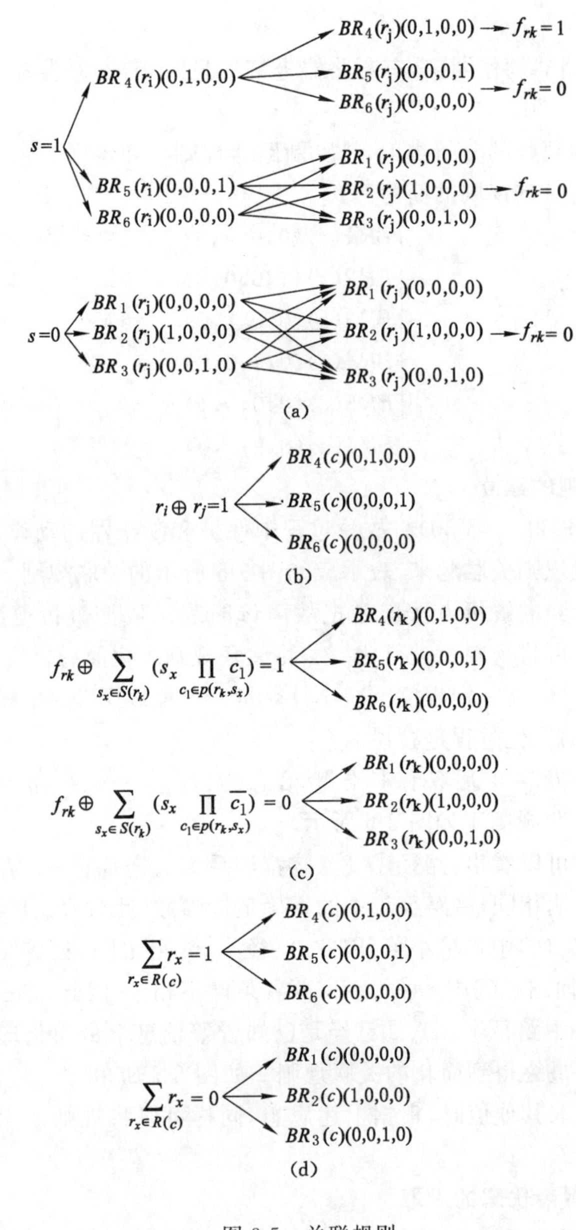

图 3-5　关联规则

② 将第 x 组保护动作状态 $R_x(x \in \{1,2 \cdots n\})$ 和相应断路器告警信息代入规则 2 中，得到相应断路器的拒动状态 M'_x。

③ 根据元件状态、第 2 后备保护动作期望和断路器拒动状态 M'_x，按规则 3

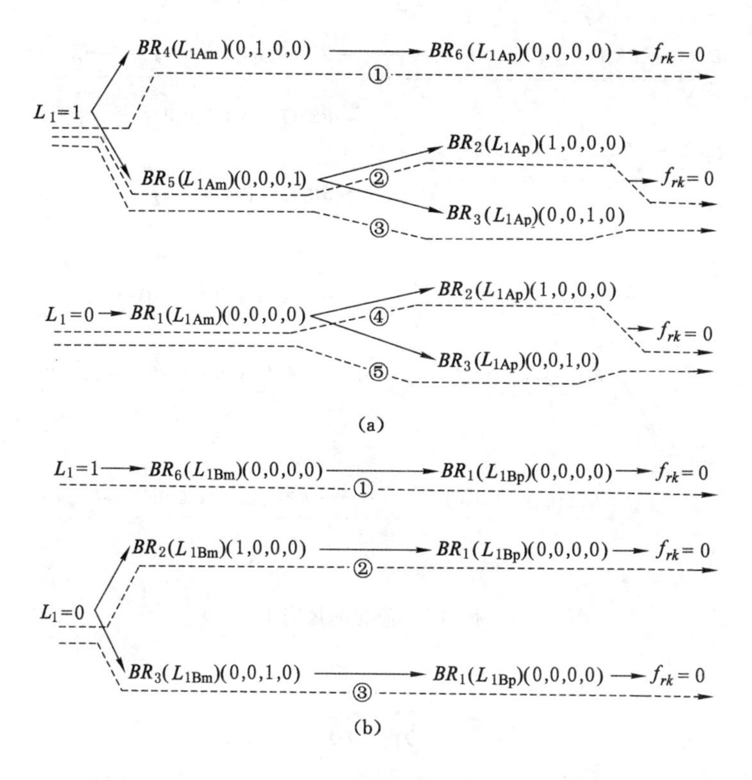

图 3-6　L_1 线路故障时的关联规则 1

路径推导出所有可疑故障元件第 2 后备保护的 p_i 组状态组合，包括：保护动作状态 R_j，误动状态 M_j，拒动状态 D_j，误报状态 W_j，漏报状态 L_j，其中 $j=1,2,3,\cdots,p_x$。

④ 取第 y 组保护动作状态 R_y（$y\in\{1,2\cdots p_x\}$），将其与 R_x 代入规则 4 中，若断路器状态参数能使式(3-16)的第 2 项相加的和最小，则认为该断路器状态为最优的，最优断路器状态包括：断路器动作状态 C_c，误动状态 M_c，拒动状态 D_c，误报状态 W_c，漏报状态 L_c。

⑤ 将 M_x、M_y、M_c、D_x、D_y、D_c、W_x、W_y、W_c、L_x、L_y 和 L_c 代入式(3-16)中，求解函数值。

⑥ 令 $y=y+1$，若 $y\leqslant p_x$，则回到步骤 4；若 $y>p_x$，则跳到步骤 7。

⑦ 令 $x=x+1$，若 $x\leqslant t$，则回到步骤 2；若 $x>t$，则跳到步骤 8。

⑧ 比较所有状态组合的函数值，取其中最小值对应的解作为解析模型的最优解：$G^*=(S^*,R^*,C^*,M^*,D^*,W^*,L^*)$。

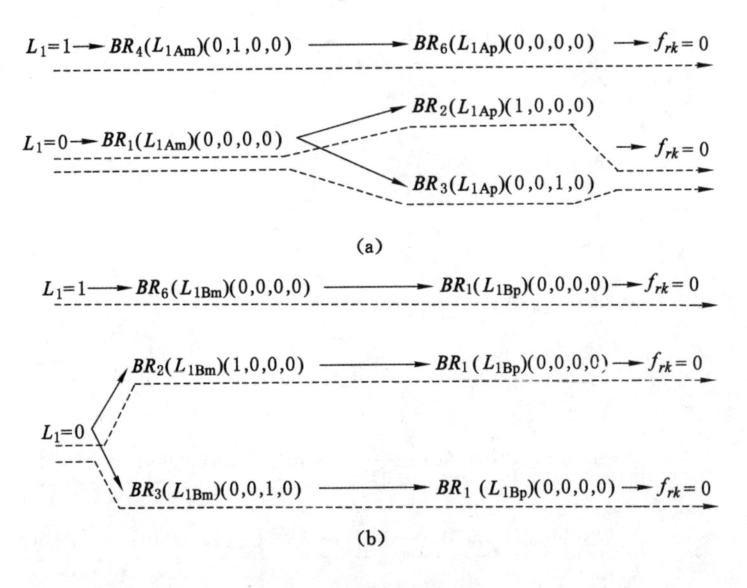

图 3-7　简化的规则 1

3.5　算 例 分 析

3.5.1　算例系统

以图 3-4 所示系统为例,对本章所提改进解析模型及其最优解求取方法进行验证。系统包含 28 个元件、40 个断路器和 84 个保护,具体配置如下:

① 28 个元件:$L_1,L_2,\cdots,L_8$;$A_1,A_2,\cdots,A_4$; $B_1,B_2,\cdots,B_8$;$T_1,T_2,\cdots,T_8$。

② 40 个断路器:$CB_1,CB_2,\cdots,CB_{40}$。

③ 84 个保护:$L_1,\cdots,L_8,T_1,\cdots,T_8$ 的主保护、第 1 后备保护和第 2 后备保护;$A_1,\cdots,A_4,B_1,\cdots,B_8$ 的主保护。

母线 B_1、线路 L_1 同时故障,故障场景描述如下:母线主保护 B_{1m} 动作,断路器 CB_6、CB_9 跳闸,断路器 CB_5 拒动,变压器第 2 后备保护 T_2s 动作,断路器 CB_3 跳闸;线路主保护 L_1S_m 和 L_1R_m 动作,断路器 CB_{11}、CB_7 跳闸;线路第 2 后备保护 L_4Rs 误动,断路器 CB_{28} 跳闸。

调度中心收到 B_{1m}、T_2s、L_1S_m、L_1R_m、L_4R_s 动作,CB_6、CB_9、CB_3、CB_{11}、CB_7、CB_{28} 跳闸的告警信息。

3.5.2　故障诊断过程

停电区域如图 3-4 中阴影部分所示,对应解析模型的参数确定如下:

(1) 可疑故障元件：L_1、B_1、L_4、T_2，对应 $S=\{s_1, s_2, s_3, s_4\}$。

(2) 选定与可疑故障元件相关的断路器：CB_{11}、CB_9、CB_7、CB_5、CB_3、CB_6、CB_{28}，对应于 $C=\{c_1, c_2, \cdots, c_7\}$。

表 3-5　不确定性概率

保护类型	误动%	拒动%	误报%	漏报%
线路保护	1.16	0.09	1	1
母线保护	12.59	3.46	1	1
变压器保护	5.32	0.46	1	1
断路器	0.5	0.5	1	1

③ 选定与可疑故障元件相关的保护，共 16 个：B_{1m}、T_{2m}、T_{2p}、T_{2s}、L_1S_m、L_1R_m、L_1S_p、L_1R_p、L_1S_s、L_1R_s、L_4S_m、L_4R_m、L_4S_p、L_4R_p、L_4S_s、L_4R_s，对应 $R=\{r_1, r_2, \cdots, r_{16}\}$。

④ $M=\{M_R, M_C\}$，其中，$M_R=\{m_{r_1}, m_{r_2}, \cdots, m_{r_{16}}\}$，$M_C=\{m_{c_1}, m_{c_2}, \cdots, m_{c_7}\}$。

⑤ $D=\{D_R, D_C\}$，其中，$D_R=\{d_{r_1}, d_{r_2}, \cdots, d_{r_{16}}\}$，$D_C=\{d_{c_1}, d_{c_2}, \cdots, d_{c_7}\}$。

⑥ $L=\{L_R, L_C\}$，其中，$L_R=\{l_{r_1}, l_{r_2}, \cdots, l_{r_{16}}\}$，$L_C=\{l_{c_1}, l_{c_2}, \cdots, l_{c_{16}}\}$。

⑦ $W=\{W_R, W_C\}$，其中，$W_R=\{w_{r_1}, w_{r_2}, \cdots, w_{r_{16}}\}$，$W_C=\{w_{c_1}, w_{c_2}, \cdots, w_{c_7}\}$。

⑧ 依据收到的告警信息，确定 $R'=\{r'_1, r'_2, \cdots, r'_{16}\}=(1\ 0\ 0\ 1\ 1\ 1\ 0\ 0\ 0\ 0\ 0\ 0\ 0\ 0\ 0\ 1)$，$C'=\{c'_1, c'_2, \cdots, c'_7\}=(1\ 1\ 1\ 0\ 1\ 1\ 1)$。

保护和断路器动作及告警信息的不确定性概率采用表 3-5 所示数据[40]（应根据实际电网的运行数据进行调整），将表中数据代入式(3-12)和式(3-13)中，得到事件发生概率的评价指标，如表 3-6 所示。

表 3-6　评价指标

评价指标			
线路	母线	变压器	断路器
$\omega_1=0.0217$	$\omega_1=0.1446$	$\omega_1=0.0647$	$\omega_9=0.0151$
$\omega_2=4.6168$	$\omega_2=4.7397$	$\omega_2=4.6598$	$\omega_{10}=4.6102$
$\omega_3=9.0619$	$\omega_3=6.6774$	$\omega_3=7.5388$	$\omega_{11}=9.9035$
$\omega_4=4.4668$	$\omega_4=2.0823$	$\omega_4=2.9437$	$\omega_{12}=5.3084$
$\omega_5=7.0231$	$\omega_5=3.3739$	$\omega_5=5.3917$	$\omega_{13}=5.3084$

表 3-6(续)

评价指标			
线路	母线	变压器	断路器
$\omega_6=11.6183$	$\omega_6=7.9691$	$\omega_6=9.9868$	$\omega_{14}=9.9035$
$\omega_7=4.6061$	$\omega_7=4.6404$	$\omega_7=4.6098$	$\omega_{15}=4.6102$
$\omega_8=0.0109$	$\omega_8=0.0453$	$\omega_8=0.0147$	$\omega_{16}=0.0151$

表 3-7　与保护和断路器相关的状态

参数	保护	断路器
动作状态	①(1 0 0 1 1 1 0 0 0 0 0 0 0 0 0 0 1)	①(1 1 1 0 1 1 1)
	②(1 0 0 1 1 1 0 0 0 0 0 0 0 0 0 0 0)	②(1 1 1 0 1 1 0)
	③(1 0 0 1 1 1 0 0 0 0 0 0 0 0 0 0 1)	③(1 1 1 1 1 1 1)
误动状态	①(0 0 0 0 0 0 0 0 0 0 0 0 0 0 0 0 1)	①(0 0 0 0 0 0 0)
	②(0 0 0 0 0 0 0 0 0 0 0 0 0 0 0 0 0)	②(0 0 0 0 0 0 0)
	③(0 0 0 1 0 0 0 0 0 0 0 0 0 0 0 0 1)	③(0 0 0 0 0 0 0)
拒动状态	①(0 0 0 0 0 0 0 0 0 0 0 0 0 0 0 0 0)	①(0 0 0 1 0 0 0)
	②(0 0 0 0 0 0 0 0 0 0 0 0 0 0 0 0 0)	②(0 0 0 1 0 0 0)
	③(0 0 0 0 0 0 0 0 0 0 0 0 0 0 0 0 0)	③(0 0 0 0 0 0 0)
漏报状态	①(0 0 0 0 0 0 0 0 0 0 0 0 0 0 0 0 0)	①(0 0 0 0 0 0 0)
	②(0 0 0 0 0 0 0 0 0 0 0 0 0 0 0 0 0)	②(0 0 0 0 0 0 0)
	③(0 0 0 0 0 0 0 0 0 0 0 0 0 0 0 0 0)	③(0 0 0 1 0 0 0)
误报状态	①(0 0 0 0 0 0 0 0 0 0 0 0 0 0 0 0 0)	①(0 0 0 0 0 0 0)
	②(0 0 0 0 0 0 0 0 0 0 0 0 0 0 0 0 1)	②(0 0 0 0 0 0 1)
	③(0 0 0 0 0 0 0 0 0 0 0 0 0 0 0 0 0)	③(0 0 0 0 0 0 0)

基于表 3-6 中数据,构建式(3-16)所示解析模型。根据告警信息 R',C',采用关联规则获得故障的所有可能诊断,篇幅所限,详细的实现过程不再赘述。表 3-7 给出了元件状态 $S=\{1\ 1\ 0\ 0\}$时的其中 3 种状态值。将每种可能诊断对应的状态值代入所构建的解析模型中,求得模型的最小值为 9.78,此时,模型最优解 G^* 为:

$$S^* = \{1\ 1\ 0\ 0\}$$

$$R^* = \{1\ 0\ 0\ 1\ 1\ 1\ 0\ 0\ 0\ 0\ 0\ 0\ 0\ 0\ 0\ 0\ 1\}$$

$$C^* = \{1\ 1\ 1\ 0\ 1\ 1\ 1\}$$

$$M^* = \{0\ 0\ 0\ 0\ 0\ 0\ 0\ 0\ 0\ 0\ 0\ 0\ 0\ 0\ 0\ 0\ 0\ 1\ 0\ 0\ 0\ 0\ 0\ 0\ 0\}$$

$$D^* = \{0\ 0\ 0\ 0\ 0\ 0\ 0\ 0\ 0\ 0\ 0\ 0\ 0\ 0\ 0\ 0\ 0\ 0\ 0\ 0\ 0\ 0\ 0\ 1\ 0\ 0\ 0\}$$
$$L^* = \{0\ 0\ 0\ 0\ 0\ 0\ 0\ 0\ 0\ 0\ 0\ 0\ 0\ 0\ 0\ 0\ 0\ 0\ 0\ 0\ 0\ 0\ 0\ 0\ 0\ 0\ 0\}$$
$$W^* = \{0\ 0\ 0\ 0\ 0\ 0\ 0\ 0\ 0\ 0\ 0\ 0\ 0\ 0\ 0\ 0\ 0\ 0\ 0\ 0\ 0\ 0\ 0\ 0\ 0\ 0\ 0\}$$

由最优解 G^* 得到故障诊断结果，描述如下：

① 母线 B_1、线路 L_1 发生故障；

② 母线主保护 B_{1m} 动作，变压器第 2 后备保护 T_{2s} 动作，线路主保护 L_{1Sm} 和 L_{1Rm} 动作；

③ 断路器 CB_6、CB_9、CB_3、CB_{11}、CB_7、CB_{28} 跳闸；

④ 断路器 $CB5$ 拒动；

⑤ 线路第 2 后备保护 $L4Rs$ 误动。

此诊断结果与算例中的故障场景描述完全相符，诊断结论正确。

3.5.3　方法比较与分析

为了进一步验证本章改进解析模型及其最优解求取方法的正确性，分别用本章方法、文献[39]和[40]方法对表 3-8 中所示的多起故障算例进行测试，结果如表 3-9 所示。

表 3-8　测试算例

算例	告警信息	故障元件
1	T_{5p}，A_{3m}，T_{6s}，CB_{21}，CB_{22}，CB_{25}，CB_{24}	T_5，A_3
2	A_{4m}，B_{8m}，L_6S_s，CB_{38}，CB_{36}，CB_{37}，CB_{33}，CB_{39}，CB_{20}，CB_{19}	A_4，B_8
3	L_1S_m，L_1R_m，L_2S_m，L_2R_p，L_7S_p，L_7R_m，L_8S_m，L_8R_m，CB_7，CB_{12}，CB_{29}，CB_{30}，CB_8，CB_{11}，CB_{39}	L_1，L_2，L_7，L_8
4	B_4m，T_3s，L_2S_p，L_2R_m，L_5Rs，CB_{13}，CB_{19}，CB_{16}，CB_8，CB_{32}，L_1S_m	B_4，L_2
5	L_4Sp，L_5Sp，L_4Rm，L_5Rm，CB_28f，CB_9，CB_{10}，CB_{24}，CB_{26}，CB_{30}	L_3，L_4
6	L_2Sm，L_2Rm，L_3Rm，T_3P，L_5RS，CB_8，CB_{12}，CB_{32}，CB_{14}，CB_{16}	L_2，B_4，T_3

表 3-9　诊断结果比较

样本	文献[39]结果	文献[40]结果	本章结果
1	T_5，A_3	T_5，A_3	T_5，A_3
2	A_4，B_8	A_4，B_8	A_4，B_8
3	L_1，L_2，L_7，L_8	L_1，L_2，L_7，L_8	L_1，L_2，L_7，L_8
4	B_4，L_2，L_5	B_4，L_2	B_4，L_2
5	L_3，L_4	L_3，L_4	L_3，L_4
6	① L_2，B_4，T_3；② L_2，T_3	L_2，B_4，T_3	L_2，B_4，T_3

分析表3-9中数据可知：文献[39]模型出现多解和误诊情况，这是因为人为给定的权值未考虑保护和断路器不确定性的实际概率，而本章模型的诊断结果均正确，表明构建的改进模型合理，具有良好的处理不确定性的能力；本章模型同文献[40]模型都能正确诊断故障，但在求解文献[40]模型时，需要考虑约束的逻辑，求解过程较复杂，而本章构建的模型直观明了，求解过程不需要考虑附加条件；基于关联规则的求解方法能准确求出模型的最优解，相比于传统优化算法，所提求解方法不存在寻优过程中陷入局部最优的问题，更具有通用性。

3.6 本章小结

(1) 为了提高电网故障诊断的正确性，本章提出了一种改进完全解析模型。从模型多解和误诊的根源出发，充分考虑了保护与断路器之间，各类保护之间不确定性概率的差异，构建了各类事件的评价指标，通过赋予各类保护和断路器不同权重，使解析模型更加合理。

(2) 为了解决运用传统优化算法求解模型过程中陷入局部最优的问题，本章将保护和断路器的动作状态与告警信息按照保护配置规则关联起来，提出一种基于关联规则的模型求解方法，提高了模型求解方法的通用性。

(3) 利用改进完全解析模型结合基于关联规则的模型求解方法进行故障诊断，诊断结果准确、唯一，表明构建的改进解析模型合理，可以一定程度上消除保护和断路器不确定性对诊断结果的影响，所提模型求解方法有效，能准确求出模型的最优解。

第 4 章　基于初始透射行波的输电线路单端故障定位方法

前两章讨论的电网故障诊断方法是将故障定位在元件级别，随着智能电网建设的开展，电力线路作为电网运行的大动脉，其安全可靠工作对输电和配电运行管理起到越来越重要的作用，为了及时有效地对电力线路故障进行处理，需要准确定位出线路故障位置。

单端行波故障定位技术具有投资成本低，无须双端同步通信等优点，是目前定位输电线路故障比较有效的方法。单端定位法的关键是识别第 2 个反向行波是来自故障点反射还是来自对端母线反射，然而，某些情况下这两种反射行波极性相同，而无法确定第 2 个反向行波来源。针对识别第 2 个反向行波性质的问题，文献[146-147]提出利用相关法来识别第 2 个反向行波，其基本原理是利用故障点反射波和初始行波的波形近似相同的特征，通过数学方法找出与初始行波最相似的反向行波作为故障点反射波，但在具体的算法实现上，如何选取合适的数据长度进行相关分析是一个难点；文献[148]利用线模行波极性关系区分故障点反射波和对端母线反射波，原理简单，但该方法受母线类型的限制，只适用于特定结构的线路；文献[149-150]通过分析初始行波与第 2 个反向行波的零模分量及分别以三相为参考的线模分量的极性关系，识别第 2 个反向行波性质，但该方法未考虑线模分量透射的零模行波对零模初始行波提取的影响，存在一定局限性；文献[151]通过分析初始反极性行波的传播特征，提出考虑透射模量的初始反极性行波的识别方法，绕过辨识第 2 个反向行波性质的难题，但初始反极性行波经过多次折反射后，幅值可能衰减至很小，甚至不可测。综上分析，克服现有识别方法受母线结构、模量衰减和透射模量影响的局限性，准确识别第 2 个反向行波性质是一个尚需解决的问题。

本章通过研究四种类型的行波传播路径，得出不同类型传播路径中透射线模行波与非透射线模行波到达测量端的时间顺序，依此识别出初始透射行波。在此基础上利用第 2 个线模反向行波与初始透射线模行波之间的极性关系，实现了第 2 个反向行波性质的识别，进而提出基于初始透射行波的输电线路故障定位新方法。大量仿真验证了所提方法准确性和合理性。

4.1 故障行波的产生与传播

研究输电线中行波过程，可以采用分布参数模型进行分析。输电线路上的电压和电流既是时间 t 的函数，也是距离 x 的函数，分别表示为 $u(x,t)$ 和 $i(x,t)$。以单相线路为例，在距输电线任意端 x 处截取一微线段，长度为 Δx，只要令 Δx 足够小，微线段上的分布参数电路模型就可以用图 4-1 的集中参数电路模型近似。

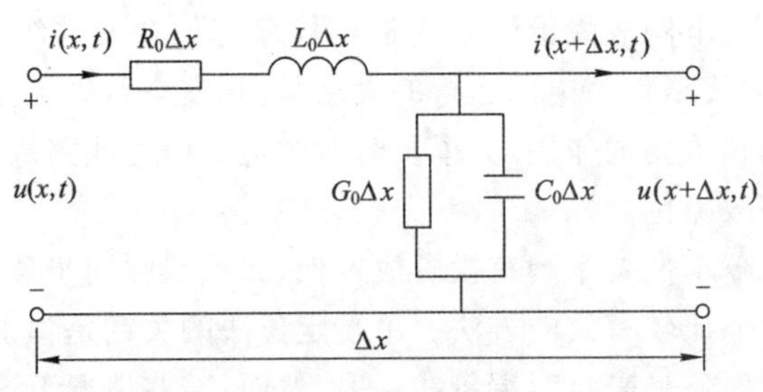

图 4-1　输电线的等值电路模型

对图 4-1 所示等值电路的节点和回路分别应用 KCL、KVL，可得：

$$\begin{cases} u(x,t)-u(x+\Delta x,t)=R_0 i(x,t)\Delta x+L_0\dfrac{\partial i(x,t)}{\partial t}\Delta x \\ i(x,t)-i(x+\Delta x,t)=G_0 u(x+\Delta x,t)\Delta x+C_0\dfrac{\partial u(x+\Delta x,t)}{\partial t}\Delta x \end{cases} \tag{4-1}$$

式中，R_0、L_0、C_0 和 G_0 分别表示线路单位长度的电阻、电感、电容和电导。

将方程组(4-1)各式同除以 Δx，并取 $\Delta x \to 0$，得到反映距输电线端 x 处电压和电流变化关系的频域方程：

$$\begin{cases} \dfrac{\partial u(x,t)}{\partial x}=-R_0 i(x,t)-L_0\dfrac{\partial i(x,t)}{\partial t}=-Z_0 i(x,t) \\ \dfrac{\partial i(x,t)}{\partial x}=-G_0 i(x,t)-C_0\dfrac{\partial u(x,t)}{\partial t}=-Y_0 u(x,t) \end{cases} \tag{4-2}$$

其中，$Z_0=R_0+\mathrm{j}\omega L_0$，$Y_0=G_0+\mathrm{j}\omega C_0$ 分别为线路单位长度的阻抗与导纳。

写成波动方程的形式为：

$$\begin{cases} \dfrac{\partial^2 u(x,t)}{\partial x^2}=Z_0 Y_0 u(x,t) \\ \dfrac{\partial^2 i(x,t)}{\partial x^2}=Y_0 Z_0 i(x,t) \end{cases} \tag{4-3}$$

式(4-3)的 D. Alembert 解为：

$$\begin{cases} u(x,t) = u^{+}\left(t-\dfrac{x}{v}\right) + u^{-}\left(t+\dfrac{x}{v}\right) \\ i(x,t) = i^{+}\left(t-\dfrac{x}{v}\right) + i^{-}\left(t+\dfrac{x}{v}\right) \end{cases} \tag{4-4}$$

式中，u^{+}、i^{+} 表示沿正方向传播的电压、电流前行波；u^{-}、i^{-} 表示沿负方向传播的电压、电流反行波。

可见，距输电线任意端 x 处的电压和电流均可通过该处的前行波和反行波两个分量叠加来获得。电压行波和电流行波之间通过波阻抗 Z_c 关联。

$$\begin{cases} i^{+}\left(t-\dfrac{x}{v}\right) = \dfrac{1}{Z_c}u^{+}\left(t-\dfrac{x}{v}\right) \\ i^{-}\left(t+\dfrac{x}{v}\right) = -\dfrac{1}{Z_c}u^{-}\left(t+\dfrac{x}{v}\right) \end{cases} \tag{4-5}$$

根据式(4-4)～(4-5)推导出电压和电流前行波与反行波的计算公式：

$$\begin{cases} u^{+} = \dfrac{1}{2}[u(x,t) + Z_c i(x,t)] \\ u^{-} = \dfrac{1}{2}[u(x,t) - Z_c i(x,t)] \\ i^{+} = \dfrac{1}{2}\left[i(x,t) + \dfrac{1}{Z_c}u(x,t)\right] \\ i^{-} = -\dfrac{1}{2}\left[i(x,t) - \dfrac{1}{Z_c}u(x,t)\right] \end{cases} \tag{4-6}$$

由式(4-6)可知，输电线 x 处的方向行波可以通过该处的电压、电流和波阻抗的线性组合来提取。

线路发生非电压过零故障时，故障点处电压突变将在线路上诱发暂态行波。利用叠加原理进行分析，这时图 4-2(a)可用图 4-2(b)等效，而图 4-2(b)又可视为故障前负荷分量[图 4-2(c)]与故障分量[图 4-2(d)]二者的叠加[152]。行波定位不涉及故障前负荷分量，因此只对故障分量展开分析。由图 4-2(d)可见，故障分量相当于在线路发生故障时刻，在故障点附加一个大小等于该点故障前电压，而极性相反的电压源。

在附加电压源 U_F 的作用下，故障点处将诱发以近似光速沿线路两端传播的电压和电流行波。当行波沿输电线路传播时，如果遇到波阻抗不连续点，行波将发生反射和折射，过程如图 4-3 所示。根据电压和电流间的波阻抗关联关系以及两者的连续性特征可得：

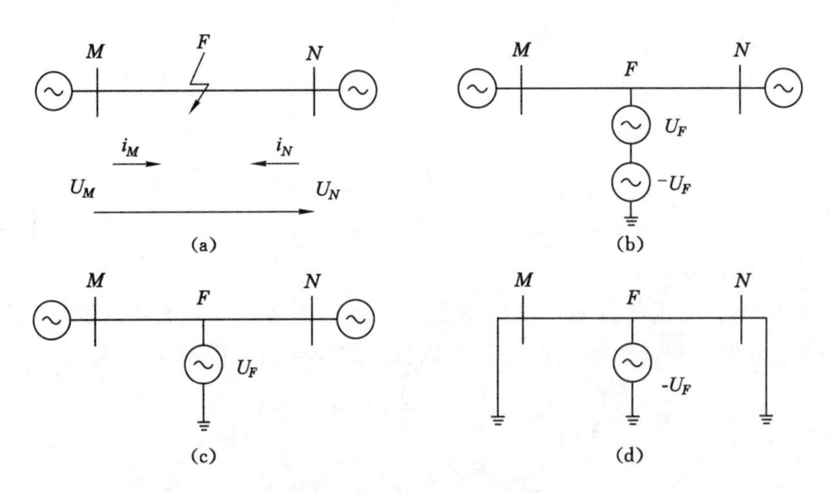

图 4-2 故障后网络分解

(a) 故障网络；(b) 等效网络；(c) 负荷分量；(d) 故障分量

$$\begin{cases} u_f = \dfrac{2Z_2}{Z_1+Z_2}u_f = \gamma_u u \\ u' = \dfrac{Z_2-Z_1}{Z_1+Z_2}u_f = \beta_u u \\ i_f = \dfrac{2Z_2}{Z_1+Z_2}i_f = \gamma_i i \\ i' = \dfrac{Z_1-Z_2}{Z_1+Z_2}u_f = \beta_i i \end{cases} \tag{4-7}$$

式中，γ_u、β_u分别为电压行波折射和反射系数；γ_i、β_i为电流行波折射和反射系数；Z_1代表入射行波所在线路的等值波阻抗；Z_2代表入射行波所在线路外的其他线路波阻抗的并联。

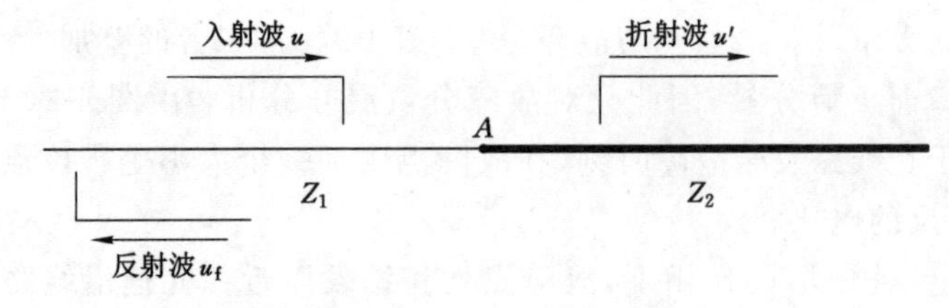

图 4-3 行波的折射和反射过程

以上分析都是基于单相线路，而实际输电线路有三相，且各相互相存在电磁耦合，所以各相波动方程不再独立，线路阻抗和导纳都变成三阶矩阵，互阻抗对应非对角元素，自阻抗对应对角元素，因此直接求解各相波动方程非常困难。通常采用相模变换来解耦和简化求解过程，即通过矩阵相似变换，把 Y_0Z_0 和 Z_0Y_0 转化为对角矩阵，使各相波动方程变换成各自独立的模量方程，这样对单个模量的分析就可以等效为单相线路的情况。

由于 Karenbauer 变换物理意义清晰，在下文分析中，统一采用 Karenbauer 变换矩阵作为相模变换矩阵，且假定输电线路都均匀换位。

4.2　交叉透射模量特性分析

（1）交叉折射行波性质

假设输电线路发生 A 相接地短路故障，则在故障点处，故障发生前三相对称的结构变成不对称。根据彼得逊法则，如图 4-4 所示，构建故障点处各个模量行波方程：

$$\begin{cases} 2u_\alpha = 2u'_\alpha + Z_\alpha i'_\alpha \\ 2u_\beta = 2u'_\beta + Z_\beta i'_\beta \\ 2u_0 = 2u'_0 + Z_0 i'_0 \end{cases} \tag{4-8}$$

其中，u_0、u_α 和 u_β 分别代表零模、α 模和 β 模（α 模和 β 模也称为线模）分量的电压入射波；u'_0、u'_α 和 u'_β 分别代表故障点处零模、α 模和 β 模分量的电压折射波；i'_0、i'_α 和 i'_β 分别代表故障支路上零模、α 模和 β 模分量的电流折射波；Z_0、Z_α 和 Z_β 分别表示入射波所在线路的零模、α 模和 β 模波阻抗。

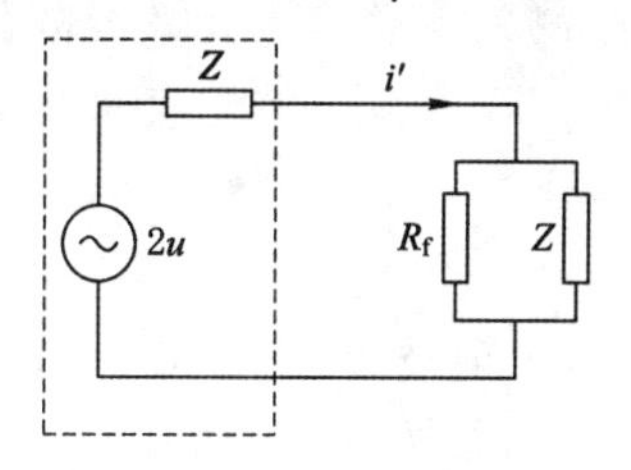

图 4-4　彼得逊法则

对故障支路而言，电压、电流有如下约束关系：

$$\begin{cases} u_{af} = R_f i_{af} \\ i_{bf} = i_{cf} = 0 \end{cases} \tag{4-9}$$

式中，u_{af} 代表故障点 A 相电压；i_{af}，i_{bf}，i_{cf} 分别为故障支路的三相电流；R_f 为接地电阻。

由于母线处系统对称，且 $Z_\alpha \approx Z_\beta$，所有 $u_\alpha \approx u_\beta$。将式(4-9)转化为模量上的方程，并与式(4-8)联立，得到[153]

$$\begin{cases} u'_{\alpha} = -\dfrac{Z_{\alpha}(u_0 + u_{\alpha})}{Z_0 + 2Z_{\alpha} + 6R_f} + \dfrac{(Z_0 + Z_{\alpha} + 6R_f)u_{\alpha}}{Z_0 + 2Z_{\alpha} + 6R_f} \\ u'_{\beta} = -\dfrac{Z_{\alpha}(u_0 + u_{\alpha})}{Z_0 + 2Z_{\alpha} + 6R_f} + \dfrac{(Z_0 + Z_{\alpha} + 6R_f)u_{\alpha}}{Z_0 + 2Z_{\alpha} + 6R_f} \\ u'_{0} = -\dfrac{(2Z_{\alpha} + 6R_f)u_0}{Z_0 + 2Z_{\alpha} + 6R_f} - \dfrac{2Z_0 u_{\alpha}}{Z_0 + 2Z_{\alpha} + 6R_f} \end{cases} \tag{4-10}$$

零模分量和线模分量的行波波速度不同，因此，对于经过相同折反射次数的线模电压行波和零模电压行波，前者将先抵达故障点。按到达时间先后顺序，在故障点处线模电压折射波可分解为：

$$u'_{\alpha(1)} = u'_{\beta(1)} = \frac{(Z_0 + 6R_f)u_{\alpha}}{Z_0 + 2Z_{\alpha} + 6R_f} \tag{4-11}$$

$$u'_{\alpha(2)} = u'_{\beta(2)} = -\frac{Z_1 u_0}{Z_0 + 2Z_{\alpha} + 6R_f} \tag{4-12}$$

进一步，将式(4-11)和式(4-12)代入对端输电线模量方程，得到对端输电线的线模电流折射波为：

$$i'_{\alpha(1)} = i'_{\beta(1)} = \frac{Z_0 + 6R_f}{Z_0 + 2Z_{\alpha} + 6R_f}\frac{u_{\alpha}}{Z_1} \tag{4-13}$$

$$i'_{\alpha(2)} = i'_{\beta(2)} = -\frac{u_0}{Z_0 + 2Z_{\alpha} + 6R_f} \tag{4-14}$$

由式(4-13)和(4-14)可以看出：在输电线对端不仅能检测到线模电流行波在故障点处的折射波，还能检测到零模电流行波经故障点交叉折射至线模网络的线模折射波，且折射产生的线模电流行波与交叉折射产生的线模电流行波极性相反。

(2) 交叉反射行波性质

由式(4-7)可以看出，电压入射波、反射波和折射波满足前两者相加等于后者的关系。将这种关系带入式(4-10)中，得到故障点处各个模量的电压反射波为[153]：

$$\begin{cases} u_{\alpha f} = -\dfrac{Z_1(u_0 + u_{\alpha})}{Z_0 + 2Z_{\alpha} + 6R_f} - \dfrac{Z_{\alpha} u_{\alpha}}{Z_0 + 2Z_{\alpha} + 6R_f} \\ u_{\beta f} = -\dfrac{Z_1(u_0 + u_{\alpha})}{Z_0 + 2Z_{\alpha} + 6R_f} - \dfrac{Z_{\alpha} u_{\alpha}}{Z_0 + 2Z_{\alpha} + 6R_f} \\ u_{0f} = -\dfrac{Z_0 u_0}{Z_0 + 2Z_{\alpha} + 6R_f} - \dfrac{2Z_0 u_{\alpha}}{Z_0 + 2Z_{\alpha} + 6R_f} \end{cases} \tag{4-15}$$

按时间到达先后顺序，故障点处反射的线模电压行波可分解为：

$$u_{\alpha f(1)} = u_{\beta f(1)} = -\frac{2Z_1 u_{\alpha}}{Z_0 + 2Z_{\alpha} + 6R_f} \tag{4-16}$$

$$u_{\alpha f(2)} = u_{\beta f(2)} = -\frac{Z_1 u_0}{Z_0 + 2Z_\alpha + 6R_f} \tag{4-17}$$

同理，得到本端输电线的线模电流反射波。

$$i_{\alpha f(1)} = i_{\beta f(1)} = -\frac{2u_\alpha}{Z_0 + 2Z_\alpha + 6R_f} \tag{4-18}$$

$$i_{\alpha f(2)} = i_{\beta f(2)} = -\frac{u_0}{Z_0 + 2Z_\alpha + 6R_f} \tag{4-19}$$

由式(4-18)和式(4-19)可得：在输电线本端检测的线模行波中，不仅包含线模电流行波在故障点处的反射波，还包含零模电流行波经故障点交叉反射至线模网络的线模反射波，而且两者极性相同。

4.3　故障行波传播路径分析

4.3.1　故障行波分类

输电线路某处发生故障时行波传播路径如图4-5所示，F为故障点，测量端位于母线M处。

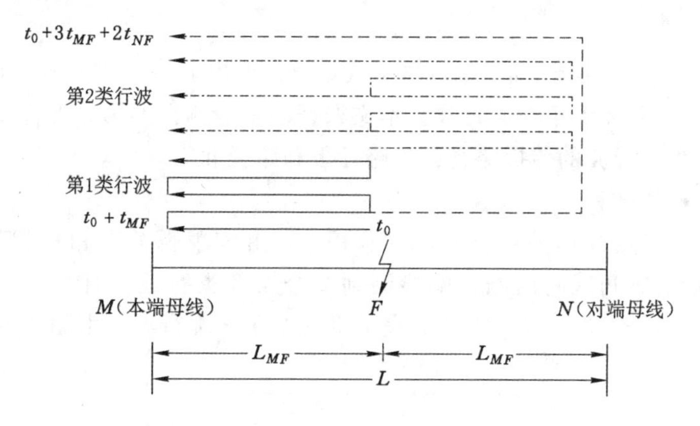

图4-5　主要反射和折射行波示意图

故障后的线模行波折反射过程比较复杂(不考虑透射模量)，如图4-5所示，本文提取时间区间$[t_0+t_{MF}, t_0+3t_{MF}+2t_{NF}]$内测得的单端线模反向行波信号展开分析。$t_0$为故障发生时间，在线路$MF$，$NF$段传播时间分别为$t_{MF}$，$t_{NF}$。在时间区间$[t_0+t_{MF}, t_0+3t_{MF}+2t_{NF}]$内，可将测量端测得的线模反向行波分为以下2类。

(1) 第1类行波。不断往返于本端母线和故障点之间的线模行波。

(2) 第2类行波。不断往返于对端母线与故障点之间，并返回本端母线的线模行波。

在时间区间$[t_0+t_{MF},t_0+3t_{MF}+2t_{NF}]$内，测量端测得的线模行波为这两类行波的叠加，其波头可表示为：

$$\begin{aligned} i_M(t) = & \sum_{j=1}^{m}\beta_M^{j-1}\beta_F^{j-1}i_\alpha[t-t_0-(2^j-1)t_{MF}]+ \\ & \sum_{k=1}^{n}\gamma_F^k\beta_N^k i_\alpha[t-t_0-2^k t_{NF}-t_{MF}] \end{aligned} \tag{4-20}$$

式中，i_α为线模电流初始行波；m为在规定时间区间内的测量端测得的第1类行波个数，n为在规定时间区间内测量端测得的第2类行波个数；β_M，β_F，β_N分别表示在本端母线、故障点和对端母线处线模行波的反射系数；γ_F表示故障点处线模行波的折射系数。

4.3.2　传播路径与反向行波性质的关系

当故障为远端故障($L_{MF}>L_{NF}$)时，提取规定时间区间内的线模行波信号进行分析，可以得到

$$(2^m-1)t_{MF}<3t_{MF}+2t_{NF} \tag{4-21}$$

$$2^n t_{NF}+t_{MF}\leqslant 3t_{MF}+2t_{NF} \tag{4-22}$$

由$L_{MF}>L_{NF}$可推导$t_{MF}>t_{NF}$，再由式(4-21)得出$m=2$，即在规定时间区间内，测量端检测到2个第1类行波。本文根据测量端测得的第2类行波个数，将远端故障时线模行波的传播路径分为路径Ⅰ和路径Ⅱ。

(1) 路径类型Ⅰ

传播时间满足逻辑关系：$t_{NF}<t_{MF}<2t_{NF}$。由该逻辑关系和式(4-22)可得$n=2$，即在规定时间区间内测量端检测到2个第2类行波，如图4-6所示。图中，i_{1-x}表示第x个第1类行波，i_{2-y}表示第y个第2类行波。由图4-6可知，各

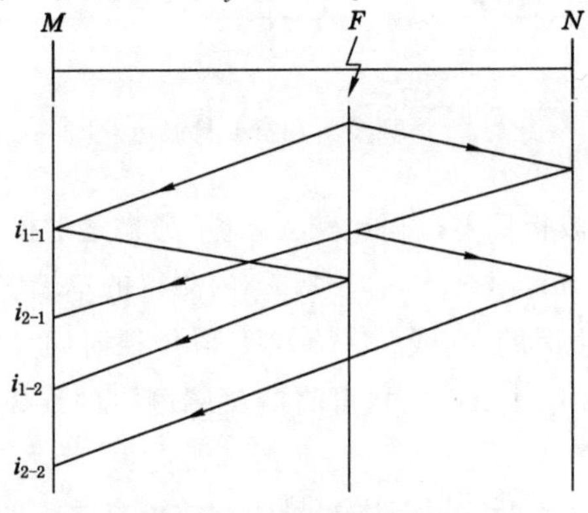

图4-6　传播路径Ⅰ

行波到达测量端时间的先后顺序为 $i_{1-1}<i_{2-1}<i_{1-2}<i_{2-2}$，此时第 2 个反向行波为 i_{2-1}，为对端母线反射波。

(2) 路径类型Ⅱ

当传播时间满足逻辑关系：$t_{MF}\geqslant 2t_{NF}$ 时，由式(4-22)可得 $n\geqslant 3$（n 取整数），即在规定时间区间内，测量端检测到≥3 个第 2 类行波，线模行波的折反射过程如图 4-7 所示。由图 4-7 可知，各行波到达测量端时间的先后顺序为 $i_{1-1}<i_{2-1}<i_{2-2}<i_{1-2}$，此时第 2 个反向行波为 i_{2-1}，为对端母线反射波。

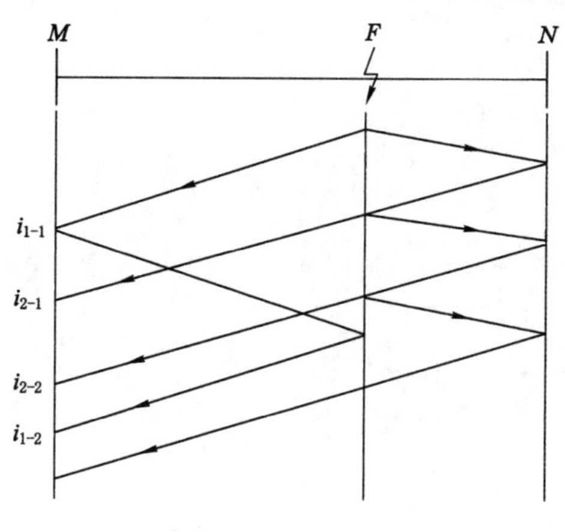

图 4-7　传播路径Ⅱ

当故障为近端故障($L_{MF}<L_{NF}$)时，提取规定时间区间内的线模行波信号进行分析。

$$(2^m-1)t_{MF}\leqslant 3t_{MF}+2t_{NF} \tag{4-23}$$

$$2^n t_{NF}+t_{MF}<3t_{MF}+2t_{NF} \tag{4-24}$$

由 $L_{MF}<L_{NF}$ 可推导 $t_{MF}<t_{NF}$，再由式(4-24)求得 $n=1$，即在规定时间区间内，测量端只检测到 1 个第 2 类行波。根据测量端检测的第 1 类行波个数，将近端故障时线模行波的传播路径分为路径Ⅲ和路径Ⅳ。

(3) 路径类型Ⅲ

传播时间满足逻辑关系：$t_{MF}<t_{NF}<2t_{MF}$，由式(4-23)可得 $m=3$，即在规定时间区间内，测量端检测到 3 个第 1 类行波，如图 4-8 所示。由图 4-8 可知，各行波到达测量端时间的先后顺序为 $i_{1-1}<i_{1-2}<i_{2-1}<i_{1-3}$，此时第 2 个反向行波为 i_{1-2}，为故障点反射波。

(4) 路径类型Ⅳ

传播时间满足逻辑关系：$t_{NF}\geqslant 2t_{MF}$，由式(4-23)可得 $m\geqslant 4$（m 取整数），即在规定时间区间内，测量端检测到≥4 个第 1 类行波，如图 4-9 所示。由图 4-9

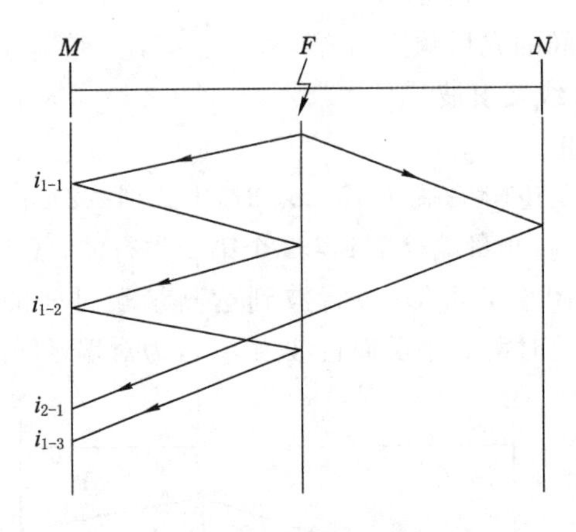

图 4-8 传播路径Ⅲ

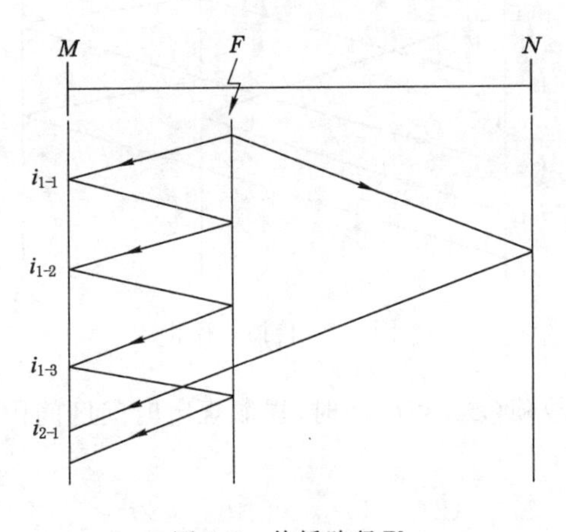

图 4-9 传播路径Ⅳ

可知，各行波到达测量端时间的先后顺序为 $i_{1-1} < i_{1-2} < i_{1-3} < i_{2-1}$，此时第 2 个反向行波为 i_{1-2}，为故障点反射波。

4.4 基于透射行波的单端故障定位方法

4.4.1 第 2 个反向行波性质的识别原理

零模初始行波经母线（本端母线或对端母线）反射后，再经故障点产生（交叉反射或交叉折射）初始透射线模行波。当故障为远端故障时，初始透射线模行波由零模行波交叉透折射产生；当故障为近端故障时，初始透射线模行波则由零模行波交叉透射产生，如图 4-10 所示。根据 4.2 节结论可知，第 2 个线模反向行波极性与初始透射线模行波极性存在如下关系：远端故障时，第 2 个线模反向行波与初始透射线模行波极性相反；近端故障时，第 2 个线模反向行波与初始透射线模行波极性相同。

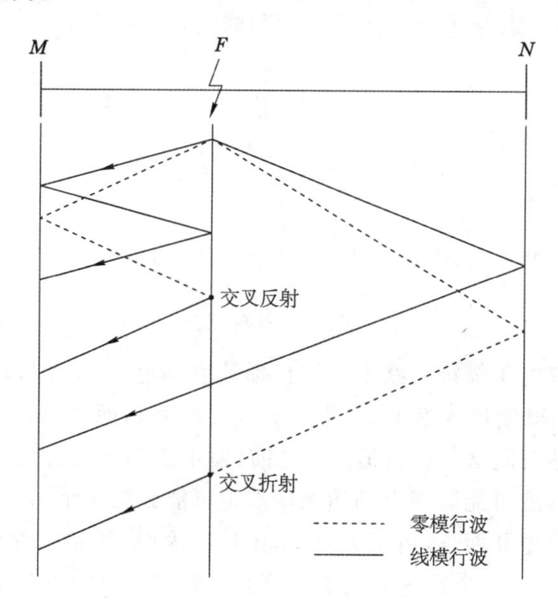

图 4-10　模量透射

给出第 2 个反向行波的识别原理：利用第 2 个线模反向行波极性与初始透射线模行波极性的关系判断故障为远端还是近端故障，若故障为远端故障，可判断第 2 个反向行波为对端母线反射波，若故障为近端故障，则第 2 个反向行波为故障点反射波。

4.4.2　初始透射行波的选取

上文所述识别原理的关键在于从各线模反向行波中识别出初始透射线模行波。在对线模行波传播路径进行分析的基础上，本书利用各线模行波到达时间的先后顺序规律确定初始透射线模行波。

当故障为远端故障时，初始透射线模行波由零模初始行波经对端母线反射后，在故障点处交叉透折射产生，其到达时间 t^* 可表示成

$$t^* = t_0 + \frac{2L_{NF}}{v_0} + \frac{L_{MF}}{v_1} \tag{4-25}$$

式中，v_0，v_1 分别表示第 2 尺度下零模行波波速和线模行波波速。

在第 2 个反向行波 i_{2-1} 之后到达的行波都有可能对选取初始透射线模行波造成影响。行波 i_{1-2} 和行波 i_{2-2} 到达时刻分别用式(4-26)、式(4-27)表示。

$$t_{1-2} = t_0 + \frac{3L_{MF}}{v_1} \tag{4-26}$$

$$t_{2-2} = t_0 + \frac{4L_{NF}}{v_1} + \frac{L_{MF}}{v_1} \tag{4-27}$$

将式(4-25)分别与式(4-26),式(4-27)联立,可得

$$\delta_1 = \frac{t^* - \Delta t}{t_{1-2} - \Delta t} = \frac{v_1}{v_0}\frac{L_{NF}}{L_{MF}} \tag{4-28}$$

$$\delta_2 = \frac{t^* - \Delta t}{t_{2-2} - \Delta t} = \frac{v_1}{2v_0} \tag{4-29}$$

式中,$\Delta t = t_0 + (L_{MF}/v_1)$。

对于路径类型Ⅰ而言,由于 $L_{NF} < L_{MF} < 2L_{NF}$,则有

$$\frac{v_1}{2v_0} < \delta_1 < \frac{v_1}{v_0} \tag{4-30}$$

由于在现有电压等级线路上行波传播速度满足 $\nu_1/\nu_0 > 1$,$\nu_1/2\nu_0 < 1$,因此,δ_1 的值随故障距离变化或等于 1,或小于 1,或大于 1,而 δ_2 必然小于 1,即初始透射线模行波到达时间必然在行波 i_{2-2} 之前,但不能判断与行波 i_{1-2} 先后顺序,即初始透射线模行波可能第 3 个到达测量端也可能是第 4 个。

对于路径类型Ⅱ而言,由于 δ_2 必然小于 1,因此,初始透射线模行波必然在行波 i_{2-2} 之前,即第 3 个到达测量端的行波可确定是初始透射线模行波。

当故障为近端故障时,初始线模透射行波由零模初始行波经本端母线反射后,在故障点处交叉透反射产生。同理,对于故障类型Ⅲ而言,初始透射线模行波到达时刻必然在行波 i_{1-3} 之前,但不能判断与行波 i_{2-1} 先后顺序,初始透射线模行波可能第 3 个到达测量端也可能是第 4;对于故障类型Ⅳ而言,第 3 个到达测量端的行波可确定是初始透射线模行波。

综上分析,若要准确选取初始透射线模行波,需要排除行波 i_{1-2}(远端故障时)或行波 i_{2-1}(近端故障时)的干扰。如图 4-6～图 4-9 所示,无论是远端故障还是近端故障,行波 i_{1-1},i_{1-2} 和 i_{2-1} 的到达时刻存在如下关系

$$(t_{1-2} - t_{1-1}) + (t_{2-1} - t_{1-1}) = \frac{2L_{MN}}{v_1} \tag{4-31}$$

基于式(4-31),由前两个到达测量端的行波(远端故障时为 i_{1-1} 和 i_{2-1},近端故障时为 i_{1-1} 和 i_{1-2})可确定行波 i_{1-2}(远端故障时)或行波 i_{2-1}(近端故障时)。通过这种方式排除行波 i_{1-2}(远端故障时)或行波 i_{2-1}(近端故障时)后,第 3 个到达测量端的行波即是初始透射线模行波。

4.4.3 单端故障定位实现流程

故障行波是由从低频到高频的一系列谐波形式信号组成,具有明显突变性和奇异性。小波变换对突变信号具有较好的检测能力,小波变换模极大值就是小波变换的局部极大值,能够清晰地反映故障行波的极性和幅值。小波变换较

高尺度对应于低频带，易受工频信号的影响，而第 1 尺度为高频带，包含明显的高频噪声。综合考虑，本章选取三次中心 B 样条函数作为小波函数，利用二进小波变换分解故障行波，并选择第 2 尺度的模极大值进行分析。

为了便于说明，设前两个到达测量端的行波波头依次为 i_1 和 i_2，由式(4-31)确定的行波波头为 i。本章单端故障定位的实现流程如下。

(1) 截取测量端采集到的故障前后各 1/4 个周期的故障电流信号，经 Karenbauer 变换后提取线模反向行波，并对其进行小波分解。

(2) 选取小波变换第 2 尺度信号进行分析。计算线模行波波速 v_1，提取前两个行波波头 i_1 和 i_2 的到达时刻 t_{i_1}、t_{i_2}，代入式(4-31)中求得时间 t_i，t_i 对应的行波波头确定为 i。

(3) 排除 i，则第 3 个到达测量端的行波波头确定为初始透射线模行波。

(4) 用 P_2 表示第 2 个反向行波的极性，P_3 表示初始透射线模行波的极性。若满足式(4-32)，则第 2 个反向行波来自对端母线反射，若满足式(4-33)，则第 2 个反向行波来自故障点反射。

$$P_2 \cdot P_3 < 0 \tag{4-32}$$

$$P_2 \cdot P_3 > 0 \tag{4-33}$$

(5) 单端行波故障定位公式如下：

$$\begin{cases} L_{MF,\text{近}} = \dfrac{1}{2}(t_{i_2} - t_{i_1})v_1 \\ L_{MF,\text{远}} = L - \dfrac{1}{2}(t_{i_2} - t_{i_1})v_1 \end{cases} \tag{4-34}$$

将相关参数代入式(4-34)计算故障距离。

4.5 仿真分析

为了验证本章所提方法，通过 PSCAD/EMTDC 软件搭建图 4-11 所示 500 kV输电线路仿真模型。输电线路采用分布参数模型，线路长度 $L=200$ km。测量点位于 M 端，分别在输电线路 MN 远端和近端设置接地故障，故障点用 F 表示。采样频率取 1 MHz。为了更真实模拟定位方法应用的现场环境，在提取的暂态行波中加入噪声。

根据两端母线类型，将母线结构分成 4 类，如表 4-1 所示。当母线为二类母线时，由于行波在该处不会发生反射，第 2 个反向行波性质可以确定(本端为二类母线时来自对端母线反射，对端为二类母线时来自故障点反射)，因此仿真算例中没有考虑二类母线情况。根据 4 类母线结构分别进行仿真测试，仿真数据

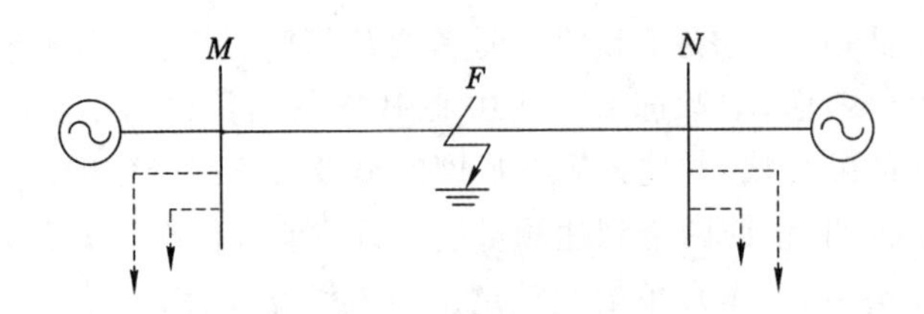

图 4-11　输电线路仿真模型

用 Matlab 处理。

表 4-1　母线结构

母线结构	Ⅰ	Ⅱ	Ⅲ	Ⅳ
M 端母线类型	一类	一类	三类	三类
N 端母线类型	一类	三类	一类	三类
M 端反射系数	<0	<0	>0	>0
N 端反射系数	<0	>0	<0	>0

4.5.1　仿真结果

(1) 结构类型Ⅰ

故障距离 130 km 时线模电流反向行波的模极大值如图 4-12 所示。由式(4-31)确定行波 i，排除行波 i 后，第 3 个到达测量端的行波确定是初始透射线模行波。由图 4-12 可以看出，第 2 个反向行波与初始透射线模行波的极性关系满足式(4-32)，故障判定为远端故障，第 2 个反向行波来自对端母线反射。将前 2 个反向行波到达时间代入式(4-34)的第 2 项，计算故障位置：$L_{MF}=130.312$ km，定位误差为 0.312 km。

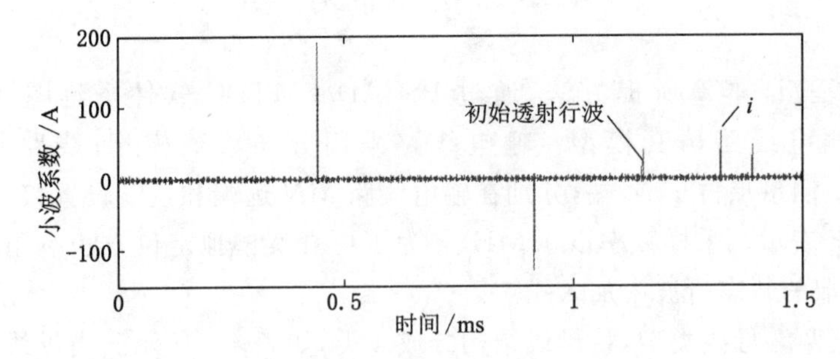

图 4-12　130 km 处故障时电流行波模极大值

(2) 结构类型Ⅱ

故障距离 150 km 时线模电流反向行波的模极大值如图 4-13 所示。由式(4-31)确定行波 i，排除行波 i 后，确定第 3 个到达测量端的行波为初始透射线模行波。第 2 个反向行波与初始透射线模行波的极性关系满足式(4-32)，故障为远端故障，第 2 个反向行波为对端母线反射波。将前 2 个反向行波到达时间代入式(4-34)的第 2 项，计算故障位置：$L_{MF}=149.512$ km，定位误差为0.488 km。

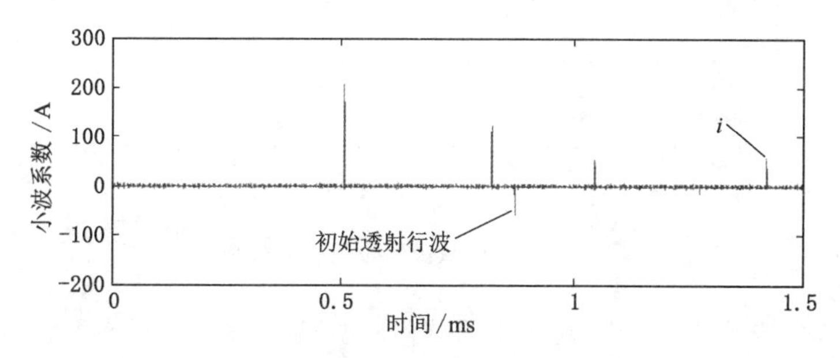

图 4-13　150 km 处故障时电流行波模极大值

(3) 结构类型Ⅲ

故障距离 90 km 时线模电流反向行波的模极大值如图 4-14 所示。通过式(4-31)排除行波 i 后，第 3 个到达测量端的行波确定是初始透射线模行波。由图 4-14 可知，第 2 个反向行波与初始透射线模行波的极性关系满足式(4-33)，故障判定为近端故障，第 2 个反向行波由故障点反射。根据前 2 个反向行波到达时间，计算故障位置：$L_{MF}=90.386$ km，定位误差为 0.386 km。

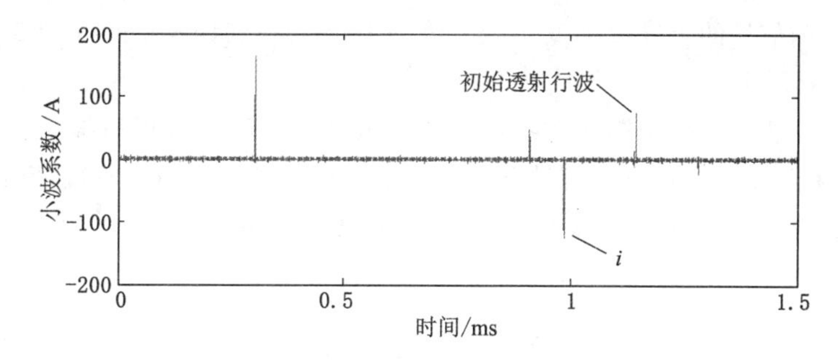

图 4-14　90 km 处故障时电流行波模极大值

(4) 结构类型Ⅳ

故障距离 35 km 时线模电流反向行波的模极大值如图 4-15。根据式(4-31)确定行波 i，排除行波 i 后，第 3 个到达测量端的行波确定是初始透射线模行波。

第 2 个反向行波与初始透射线模行波的极性关系满足式(4-33),故障判定为近端故障,第 2 个反向行波为故障点反射波。将前 2 个反向行波到达时间代入式(4-34)的第 1 项,计算故障位置:$L_{MF}=35.261$ km,定位误差为 0.261 km。

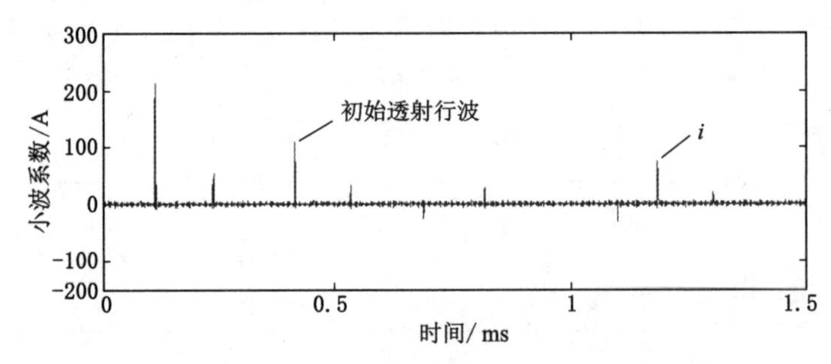

图 4-15　35 km 故障时电流行波模极大值

由仿真结果可以看出,对于不同结构模型,利用第 2 个反向行波与初始透射线模行波的极性关系均能准确、可靠地识别出第 2 个反向行波性质。虽然线路零模参数较强的依频特性会导致零模行波衰减严重,但由于零模行波的衰减主要集中在高频带,低频分量下零模行波所受影响较小,且需要检测的线模透射行波在零模阶段最多传播线路全长的距离,因此,初始线模透射行波不会衰减至不可测,仿真结果也验证了利用透射模量的可行性。

4.5.2　识别死区分析

受限于测量互感器的传变特性,对于间隔较短的连续两个行波,有可能出现行波混叠而无法识别。为了能够有效传变行波信号,要求在足够快的时间内互感器二次侧信号的上升值不低于最大值的 10%[154],假设这个时间为 3 μs。

(1) 死区 1

本文算法需要分辨第 2 个线模反向行波和初始透射线模行波,对于近母线故障,如果第 2 个线模反向行波和初始透射线模行波时间间隔较短,有可能出现两行波混叠而无法分辨。第 2 个线模反向行波和初始线模透射行波的时间差 t_Δ 如下:

$$t_\Delta = 2x\left(\frac{1}{v_0}-\frac{1}{v_1}\right) \tag{4-35}$$

式中,x 表示故障距近端母线的距离。

考虑互感器的传变特性,如果要从互感器传变后的线模行波信号中可靠分辨第 2 个线模反向行波和初始透射线模行波,则要求 $t_\Delta \geqslant 3$ μs。

将仿真算例中有关参数代入式(4-35)中,计算得到分辨第 2 个线模反向行波和初始透射线模行波的临界近母线故障距离约为 900 m。本章所提方法的死区 1 位于距母线 900 m 的区域内，但由于是靠近母线故障，排查故障比较方便，因此现场可以接受。

（2）死区 2

存在两特殊区域，当故障位于靠近对端母线 N 的 F_1 点附近时，行波 i_{1-2} 与初始透射线模行波到达测量端的时间间隔较短，行波混叠可能导致无法分辨行波 i_{1-2} 与初始透射线模行波，从而发生误判；当故障点靠近本端母线 M 的 F_2 点附近时，行波 i_{2-1} 与初始透射线模行波可能混叠，导致无法分辨行波 i_{2-1} 与初始透射线模行波，从而发生误判。由行波的传播路径可以得到 F_1 点和 F_2 点的位置为：

$$\frac{L_{NF_1}}{L_{MF_1}} = \frac{v_0}{v_1}, \frac{L_{NF_2}}{L_{MF_2}} = \frac{v_1}{v_0} \tag{4-36}$$

将这两个特殊区域定义为死区 2，范围如下：

$$|L_{MF} - L_{MF_q}| < \varphi, (q = 1 \text{ or } 2) \tag{4-37}$$

当故障距离在式(4-37)范围内时，由于行波混叠将导致初始透射线模行波极性改变或削弱至不可测，从而影响第 2 个反向行波的识别。

同样，根据相关参数计算得出 $L_{MF1}=120$ km，$L_{MF2}=80$ km，由互感器传变特性要求两行波时间间隔至少为 3 μs，得出 φ 约为 200 m，即以 F_1 点和 F_2 点为圆心，半径 200 m 内为死区 2。由于死区 2 范围较小，排查故障方便，因此现场也可以接受。

4.6　本章小节

（1）发生接地故障时，对端母线反射波和故障点反射波在故障点处分别发生透折射和透反射，第 2 个线模反向行波与初始透射线模行波之间的极性关系可以反映第 2 个反向行波的来源。

（2）通过分析了四种类型的行波传播路径，得出透射线模行波与非透射线模行波到达测量端的时间顺序，由此给出了选取初始透射行波的方案，然后根据第 2 个线模反向行波与初始线模透射行波之间的极性关系构造了第 2 个方向行波性质的识别判据，从而提出了基于初始透射行波的输电线路单端故障定位方法。

（3）仿真结果表明，所提识别判据能准确、可靠识别第 2 个反向行波性质，且不受母线结构、模量衰减和透射模量等因素的影响，从而扩大了单端行波故障定位的应用范围。

第5章 利用行波时差的配电网故障定位方法研究

配电网是电力系统中与用户接触最直接的环节，多采用中性点非有效接地方式。配电网拓扑结构复杂，三相不对称状况明显，多存在架空线-电缆混合线路，馈线上还存在大量分支，给故障定位带来很大难度，而且配电线路长度通常较短，因此对配电线路故障定位精度要求要比输电线路高。基于行波的故障定位技术基本不受故障类型、系统参数及结构不对称等因素的限制，定位精度较高，已成功应用在输电线路上。近年来，许多学者针对行波在配电网故障定位的应用进行了研究。传统单端行波定位[109-110]原理实现简单，可靠性高，然而配电网分支线路的干扰使准确识别反射行波性质非常困难；新原理单端定位方法[111-112]采用线模和零模行波传播时间差来计算配电网故障位置，但该类方法可移植性差，对零模波速提取精度要求较高，其实际应用还有待探索；双端行波定位法是利用同步测量装置获取两端初始行波信息实现定位，由于配电网多分支的特点，双端法只能定位主干线路故障。对此，文献[113-116]提出在每个分支末端都安装同步行波检测装置，将双端法扩展为多端法，取得了较好的定位效果，符合实际要求。此类方法需要配置多台同步检测装置，投资成本较大，但随着同步测量技术的发展，成本问题可以克服。然而，文献[113-114]方法对行波到达时间的测量精度要求较高，当存在时间误差，其应用效果不理想，文献[115]方法只适用于馈线沿线无分支的配电网结构，存在一定局限性，文献[116]方法在时间误差较大的情况下仍可以准确定位故障，但其实现定位的过程复杂，且存在定位失效的情况。此外，上述方法仅考虑了单一线路情况，对于含架空线—电缆混合线路配电网的故障并未给出定位方案。

针对上述问题，本章首先给出了基于 TDQ 的行波到达时刻检测方法，然后深入分析行波选线和相电流选线方法的选线机理，研究其存在的问题，在此基础上，通过挖掘行波时差矩阵蕴含的故障信息，提出一种适用于含混合线路配电网的故障选线及定位方法，最后，将该方法进行扩展，通过分析行波到达时差矩阵与系统拓扑结构的关系，提出了一种基于分段比较原理的复杂配电网故障定位方法。

5.1　基于 TDQ 的行波到达时刻检测方法

准确检测行波到达量测端的时刻是实现行波定位的必要前提。当前，比较有效地行波到达时刻检测技术主要是基于小波变换（Wavelet Transform，WT）。WT 方法需要专门设置缓存区存储采样信号，并且由于需要结合信号特征选取合适的母小波函数，其检测效果受选择的母小波影响，不具有自适应性。为了克服 WT 方法的不足，提出利用 TDQ 进行行波到达时刻的检测。TDQ 方法不需要缓存采样信号和提取采样信号特征，通过分析直轴分量信号就能适应任何故障类型，相比 WT 方法，TDQ 方法对硬件配置要求较低，实现更为简便，更适合应用在配电网多端行波故障定位。

5.1.1　基于 TDQ 的检测原理

Park 变换的基本思想是通过 Park 变换矩阵 T_{dq} 将三相静止的交流信号（电压、电流等）从 A、B、C 三维坐标系变换到以直轴 d、交轴 q 为旋转坐标的二维坐标系，如

$$\begin{bmatrix} f_d \\ f_q \end{bmatrix} = T_{dq} \cdot \begin{bmatrix} f_a \\ f_b \\ f_c \end{bmatrix}$$

$$= \frac{2}{3}\begin{bmatrix} \cos(\omega t+\theta) & \cos(\omega t-\frac{2\pi}{3}+\theta) & \cos(\omega t+\frac{2\pi}{3}+\theta) \\ -\sin(\omega t+\theta) & -\sin(\omega t-\frac{2\pi}{3}+\theta) & -\sin(\omega t+\frac{2\pi}{3}+\theta) \end{bmatrix} \cdot \begin{bmatrix} f_a \\ f_b \\ f_c \end{bmatrix} \tag{5-1}$$

其中，f_d、f_q 表示交流信号的直轴和交轴分量；f_a、f_b、f_c 表示交流信号的 A、B、C 轴分量；ω 为工频角频率；θ 为 A 轴与 d 轴的夹角。

配电网线路情况复杂，某些场合只能利用电压行波信号计算故障距离，如单出线的铁路自闭贯通线，且我国中低压配电网一般采用小电流接地运行方式，故障发生后暂态电流行波存在幅值小，受干扰影响较大，不易检测，因此下文分析基于电压信号展开。

假设三相配电系统各相电压为

$$\begin{cases} v_a = V_{am}\sin(\omega t+\theta_v)+f_T(t) \\ v_b = V_{bm}\sin(\omega t+\theta_v-120^\circ) \\ v_c = V_{cm}\sin(\omega t+\theta_v+120^\circ) \end{cases} \tag{5-2}$$

式中，V_{am}、V_{am}、V_{am} 为各相电压幅值，θ_v 为初相角，$f_T(t)$ 表示暂态信号。

令 $\theta_v=0$,联立式(5-1)和(5-2),化简后可得

$$v_d=\frac{\sqrt{6}}{6}(V_{am}+V_{bm}+V_{cm})+a_1\cos(2\omega t+\lambda)+\sqrt{\frac{2}{3}}f_T(t)\cos(\omega t) \quad (5\text{-}3)$$

$$v_q=-a_1\cos(2\omega t+\tau)-\sqrt{\frac{2}{3}}f_T(t)\sin(\omega t) \quad (5\text{-}4)$$

其中

$$a_1=\sqrt{a_2^2+a_3^2} \quad (5\text{-}5)$$

$$a_2=\frac{\sqrt{6}}{6}(V_{am}-\frac{V_{bm}}{2}-\frac{V_{cm}}{2}) \quad (5\text{-}6)$$

$$a_3=\frac{\sqrt{2}}{4}(V_{bm}-V_{cm}) \quad (5\text{-}7)$$

$$\lambda=\cos-1(a_2/a_1) \quad (5\text{-}8)$$

$$\tau=\cos-1(a_3/a_1) \quad (5\text{-}9)$$

假设配电系统三相不平衡且存在暂态信号,即 $V_{am}\neq V_{bm}\neq V_{cm}$,$f_T(t)\neq 0$,此时,由式(5-3)和式(5-4)可以看出:电压信号的直轴分量呈现为由直流电平,二次谐波及暂态信号叠加的振荡波;交轴分量除不包含直流电平,其他成分与直轴分量相同。

对于三相平衡且系统处于稳态的配电系统而言,满足 $V_{am}=V_{bm}=V_{cm}=V_m$,$f_T(t)=0$,则式(5-3)和式(5-4)简化为

$$v_d=\frac{\sqrt{6}}{2}V_m \quad (5\text{-}10)$$

$$v_q=0 \quad (5\text{-}11)$$

由式(5-10)和式(5-11)可知:稳态时电压信号经 Park 变换后的直轴分量是一稳定的直流电平,交轴分量为零。

5.1.2 直轴信号处理

当配电线路发生故障时,系统三相不平衡,且会产生暂态行波信号。提取故障前后一段时间的电压信号,经 Park 变换后结果如图 5-1 所示。

从图 5-1 可以看出,v_d 的波形在线路故障发生时刻时会产生突变,这与 5.1.1 节理论分析结果相同,因此,通过提取该突变时刻即可实现故障行波到达时刻的检测。考虑到高阻接地故障和故障初始相角较小可能导致 v_d 的突变微弱至不可测[如图 5-2(b)所示],同时为了获得更高的检测灵敏度,提出了增量 μ_d 的概念,定义如下[158]:

$$\mu_d(k)=v_d(k)-v_d(k-1) \quad (5\text{-}12)$$

式中,$\mu_d(k)$表示第 k 个增量样本;$v_d(k)$表示直轴分量的第 k 个样本。

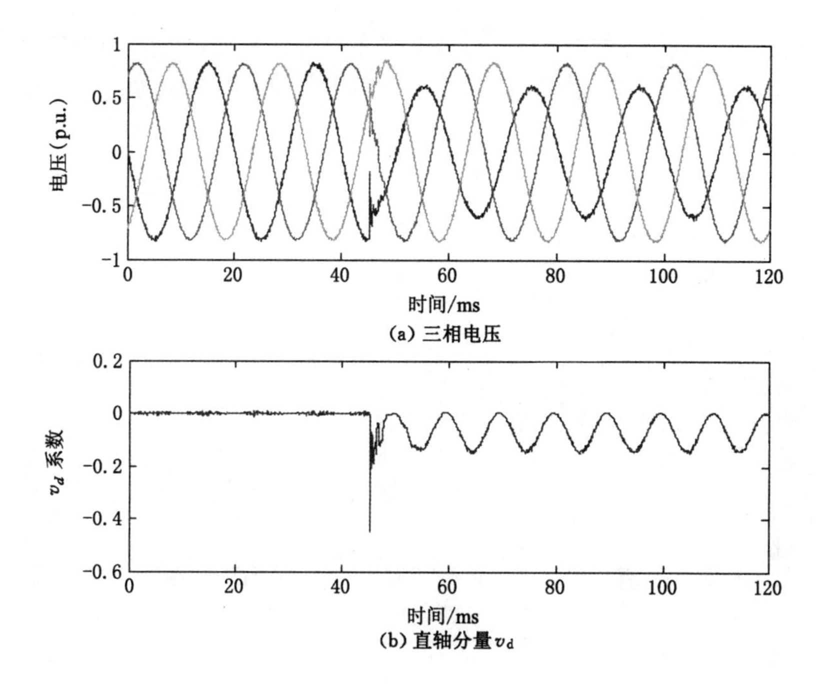

(a) 三相电压

(b) 直轴分量 v_d

图 5-1　三相电压的 Park 变换

然而,由于受电力噪声的影响,在故障发生前 μ_d 波形会出现明显振荡,如图 5-2(c)所示,这些振荡可能对准确检测行波造成影响,因此,为了削弱电力噪声的影响,通过增量构造新的特征信息,能量系数 τ[159]。

$$\tau(k) = \sum_{n=k-\Delta k_{EN}+1}^{k} [\mu_d(n)]^2 \tag{5-13}$$

式中,$\tau(k)$表示第 k 个增量数据窗的能量,Δk_{EN} 为半个工频周期的采样个数。

从图 5-2(d)不难看出,在故障发生前 τ 波形相对平滑,而在故障时刻波形出现近似脉冲的突变,依此,可以有效检测行波。

5.1.3　采用自适应阈值的行波到达时刻检测

文献[158]通过设置的固定阈值检测由故障引起 τ 波形突变的时刻,即行波到达时刻。当 $\tau(k)$第一次大于该阈值时,$\tau(k)$对应时刻即为行波到达量测端时刻,但不同电压等级及环境变化均会造成系统中电力噪声差异,如果采用固定阈值,这些差异可能影响行波检测的准确性。为了克服该问题,文献[160]设置的阈值为自适应的,其值可根据故障发生前系统(稳态系统)的电力噪声等级自动调整,但未考虑瞬时干扰的影响。本章对自适应阈值的求取过程进行了处理,使其取值更合理。当系统处于稳态时,从 τ 波形中截取一个长度为 Δk_η 的数据窗,

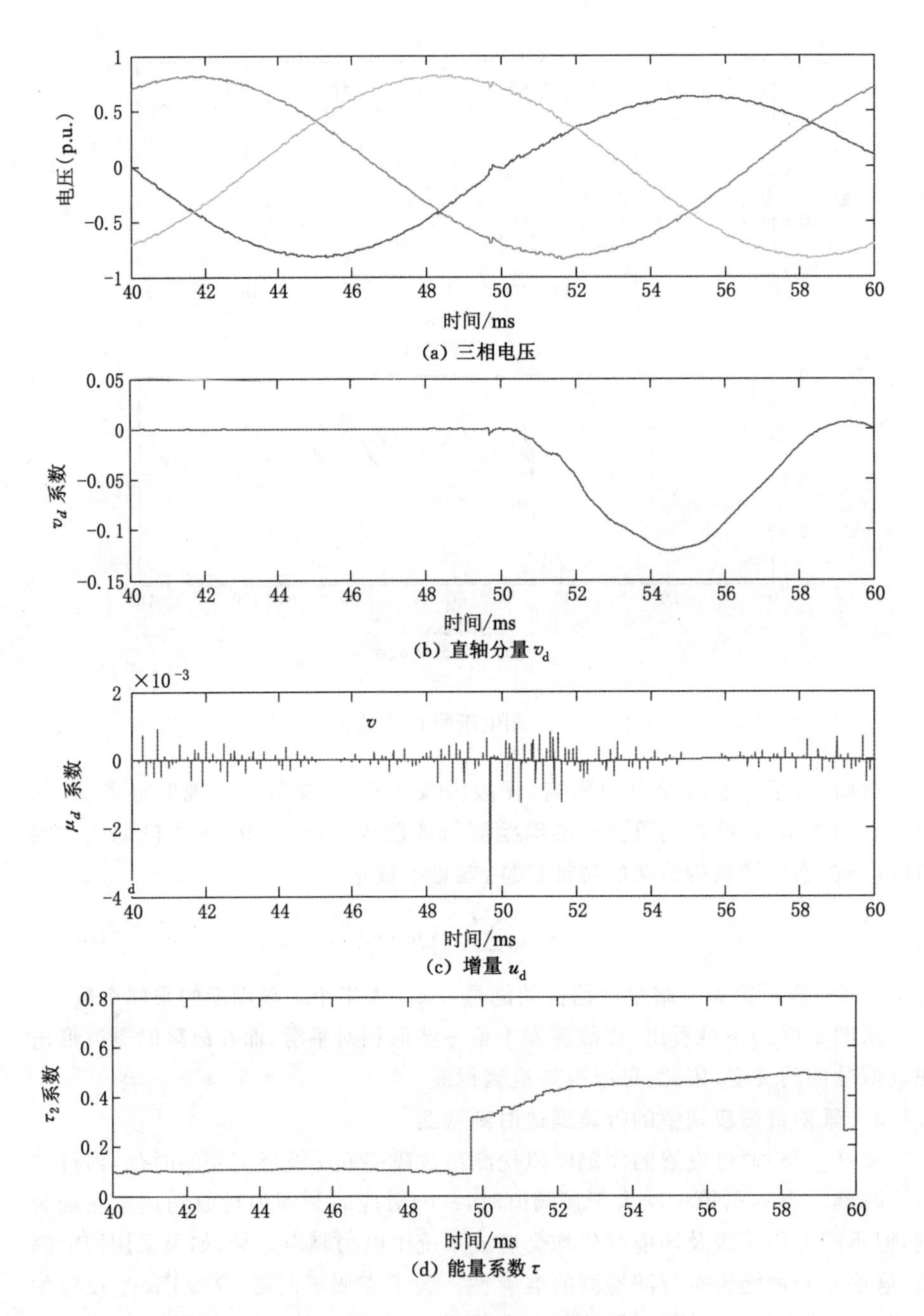

(a) 三相电压

(b) 直轴分量 v_{d}

(c) 增量 u_{d}

(d) 能量系数 τ

图 5-2 直流分量 v_d 的处理

自适应阈值 η 表示成

$$\eta=\frac{\max\{\tau(k)\}}{\rho_{av}},1\leqslant k\leqslant \Delta k_{\eta} \tag{5-14}$$

其中

$$\rho_{av}=\frac{\sum_{k=1}^{\Delta k_{\eta}}\tau(k)-\max\{\tau(k)\}-\min\{\tau(k)\}}{\Delta k_{\eta}-2},1\leqslant k\leqslant \Delta k_{\eta} \tag{5-15}$$

定义如下不等式：

$$\frac{\tau(x)}{\rho_{av}}>\eta+\delta \tag{5-16}$$

式中，$\tau(x)$表示当前样本，δ为安全裕值。

将当前样本代入式(5-16)，若该不等式第一次成立，则将当前样本对应的时刻确定为行波到达时刻。需要说明的是，为了提高 η 的适应性，Δk_{η}的取值不能太小，而选择大的数据窗会增加计算负担；同时为了保证对电力噪声的鲁棒性，δ 应取足够大。因此，基于大量仿真分析，本章取 $\Delta k_{\eta}=2N$（N 为一个工频周期的采样数)，$\delta=5\%\eta$。

5.2　含混合线路配电网的故障选线及定位方法

5.2.1　配电线路行波特征分析

5.2.1.1　故障初始行波特征

国内典型中压配电网通常为单端辐射状结构，如图 5-3 所示。为简化分析，假设各个馈线均为架空线，且波阻抗均一致。当第 n 条馈线上的 F 点发生接地故障，故障产生的行波将沿线路向两端传播，并在波阻抗不连续点发生折射和反射。对于图 5-3 所示配电网，除故障点外，波阻抗不连续点还包括母线和各馈线末端。根据凯伦贝儿变换，原 A、B、C 相信号转换成彼此独立的 0 模、α 模和 β 模分量。配电线路虽然多采用不交叉换位形式，但 α 模和 β 模分量仍可认为是近似相等的[161]，选择 α 模分量作为分析模量。由故障线路向母线看去的等效阻抗 $Z_{M\alpha}$ 表示为

$$Z_{M\alpha}=1/(\sum_{i=1}^{n-1}\frac{1}{Z_{\alpha}})=\frac{Z_{\alpha}}{n-1} \tag{5-17}$$

式中　Z_{α}代表馈线的线模分量波阻抗。

将从母线至线路方向定义为行波的正方向。电压初始行波和电流初始行波经母线折反射后，可以得到：

$$u_{M\alpha} = \frac{2u_{\alpha F}}{n} \tag{5-18}$$

$$i_{n\alpha} = -\frac{2(n-1)u_{\alpha F}}{nZ_{\alpha}} \tag{5-19}$$

$$i_{k\alpha} = \frac{2u_{\alpha F}}{nZ_{\alpha}} \tag{5-20}$$

其中，$u_{\alpha F}$表示故障产生的电压行波；$i_{k\alpha}$为非故障线路上的电流初始行波；$i_{n\alpha}$为故障线路上的电流初始行波；$u_{M\alpha}$表示母线处检测到的电压初始行波。

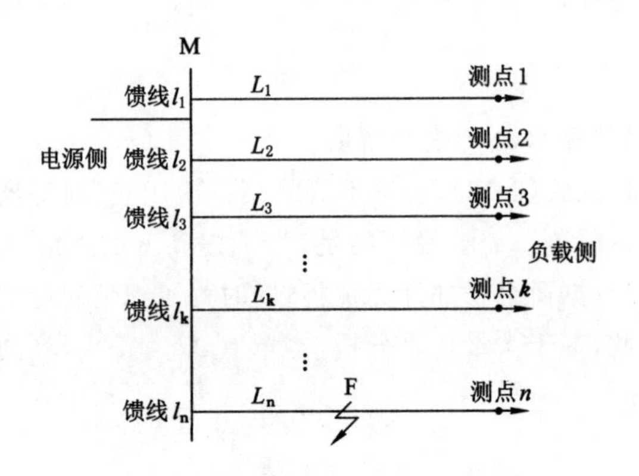

图 5-3　辐射状配电网拓扑结构

由式(5-18)～(5-20)可以看出：

(1) $u_{M\alpha}$、$i_{k\alpha}$和$i_{n\alpha}$受拓扑线路参数影响较大，其幅值都随着馈线数目n的增大而减小；

(2) 对于非故障线路，其检测到的电流初始行波与在母线处检测到的电压初始行波极性相同；

(3) 对于故障线路，其检测到的电流初始行波与在母线处检测到的电压初始行波极性相反。

文献[162]基于上述行波特征，提出一种故障选线方法。然而，提取线模行波需安装两相 CT，接线比较复杂且容易出错，而提取零模行波要求在现场配置零序 CT，但零序 CT 无法在架空线路上安装。因此，文献[162]方法实现较为困难，其他基于模量行波特征的故障选线方法也存在相同的问题，这里不再一一赘述。

5.2.1.2　相电流行波特征

假设馈线 A 相发生接地故障，相模变换后的各相电流可表示为如下形式：

$$\begin{cases} i_A = i_0 + i_\alpha + i_\beta = i_0 + 2i_\alpha \\ i_B = i_0 - 2i_\alpha + i_\beta = i_0 - i_\alpha \\ i_C = i_0 + i_\alpha - 2i_\beta = i_0 - i_\alpha \end{cases} \tag{5-21}$$

由零模和线模波速特性可知，在故障附加电源作用下诱发的线模行波将先于零模行波到达测量点。假设式(5-21)中线模和零模电流行波到达测量点时刻分别为 t_1 和 t_2，则在 (t_1, t_2) 时间区间内各相电流的表达式为

$$\begin{cases} i_A = 2i_\alpha \\ i_B = -i_\alpha \quad ,t_1 < t < t_1 \\ i_C = -i_\alpha \end{cases} \tag{5-22}$$

联立式(5-18)、式(5-19)和式(5-22)，推导故障及非故障线路检测到达相电流表达式：

$$\begin{cases} i_{nA} = -\dfrac{4(n-1)}{n}\dfrac{1}{Z_0 + 2Z_\alpha + 6R_f}u_{aF} \\ i_{nB} = \dfrac{2(n-1)}{n}\dfrac{1}{Z_0 + 2Z_\alpha + 6R_f}u_{aF} \\ i_{nC} = \dfrac{2(n-1)}{n}\dfrac{1}{Z_0 + 2Z_\alpha + 6R_f}u_{aF} \end{cases} \tag{5-23}$$

$$\begin{cases} i_{kA} = \dfrac{4}{n}\dfrac{1}{Z_0 + 2Z_\alpha + 6R_f}u_{aF} \\ i_{kB} = -\dfrac{2}{n}\dfrac{1}{Z_0 + 2Z_\alpha + 6R_f}u_{aF} \\ i_{kC} = -\dfrac{2}{n}\dfrac{1}{Z_0 + 2Z_\alpha + 6R_f}u_{aF} \end{cases} \tag{5-24}$$

由式(5-23)和式(5-24)可知：

(1) 比较非故障线路的相电流行波和对应的故障线路相电流行波，两者的极性相反；

(2) 无论故障相还是非故障相，比较故障线路各相电流行波和对应的非故障线路相电流行波，前者幅值是后者的 $(n-1)$ 倍。

同理，可以推导其他相接地故障时故障及非故障线路上相电流表达式，如表 5-1所示。

表 5-1 中，$U_{aF} = \dfrac{u_{aF}}{Z_0 + 2Z_\alpha + 6R_f}$。

表 5-1　相电流特性($t_1<t<t_2$)

故障类型	故障线路 n			非故障线路 k		
	i_{nA}	i_{nB}	i_{nC}	i_{kA}	i_{kB}	i_{kC}
A 相接地	$-\frac{4(n-1)}{n}U_{aF}$	$\frac{2(n-1)}{n}U_{aF}$	$\frac{2(n-1)}{n}U_{aF}$	$\frac{4}{n}U_{aF}$	$-\frac{2}{n}U_{aF}$	$-\frac{2}{n}U_{aF}$
B 相接地	$\frac{2(n-1)}{n}U_{aF}$	$-\frac{4(n-1)}{n}U_{aF}$	$\frac{2(n-1)}{n}U_{aF}$	$-\frac{2}{n}U_{aF}$	$\frac{4}{n}U_{aF}$	$-\frac{2}{n}U_{aF}$
C 相接地	$\frac{2(n-1)}{n}U_{aF}$	$\frac{2(n-1)}{n}U_{aF}$	$-\frac{4(n-1)}{n}U_{aF}$	$-\frac{2}{n}U_{aF}$	$-\frac{2}{n}U_{aF}$	$\frac{4}{n}U_{aF}$

表 5-1 所述相电流特性是现有基于单相电流行波故障选线的基本原理，但在实际应用时，基于该原理的选线方法存在死区问题。

(1) 零模电流初始行波的影响分析

上述相电流特性的分析基于(t_1，t_2)时间区间（即线模行波到达测量点而零模行波未至)，未考虑零模初始行波的影响。当 $t>t_2$ 时，推导的相电流表达式如表 5-2 所示。

表 5-2　相电流特性($t>t_2$)

故障类型	故障线路 n			非故障线路 k		
	i_{nA}	i_{nB}	i_{nC}	i_{kA}	i_{kB}	i_{kC}
A 相接地	$-\frac{6(n-1)}{n}U_{aF}$	0	0	$\frac{6}{n}U_{aF}$	0	0
B 相接地	0	$-\frac{6(n-1)}{n}U_{aF}$	0	0	$\frac{6}{n}U_{aF}$	0
C 相接地	0	0	$-\frac{6(n-1)}{n}U_{aF}$	0	0	$\frac{6}{n}U_{aF}$

由表 5-2 可以看出，在零模行波传播到测量点后，故障线路和非故障线路的故障相电流幅值仍然满足 $n-1$ 倍的关系，两者极性相反，而非故障相电流变为零。因此，基于单相电流行波的故障选线方法要求在零模行波到达测量点之前完成故障选线，否则零模和线模行波将发生混叠，各馈线检测到的相电流行波极性相同，从而引起故障选线错误。

发生零模和线模行波混叠的条件是零模和线模行波到达测量点的时间差小于采样时间间隔[163]。假设采样频率为 f_s，为避免零模和线模行波发生混叠，故障距离需满足式(5-25)，这时故障选线才会成功。以采样率为 1 MHz 为例，零模波速 $v_0=2.511\times10^8$ m/s，线模波速 $v_1=2.997\times10^8$ m/s，将相关参数代入式(5-25)可得，当故障距离大于 1.55 km 时故障选线准确。

$$l_F > \frac{1}{f_s} \frac{v_0 v_1}{(v_1 - v_0)} \tag{5-25}$$

(2) 线模电流反射行波的影响分析

配电网具有许多无分支馈线,馈线末端装设的变压器通常采用 Y/Y0 或△/Y0 接法。对于高频行波信号而言,末端负荷的等效阻抗很大,近似于开路,即馈线末端反射系数近似等于 1。与初始行波相比,经非故障线路末端反射后的线模电流幅值不变,但极性相反。当配电线路长度较短时,线模电流反射波将很快传播至测量点,在测量点处反射波与入射波相抵消,相电流变为零[163]。因此,对基于相电流行波的选线方法而言,要求在非故障线路末端反射的线模行波还未传播至测量点之前识别出线模初始行波,否则将导致错误的故障选线结果。

5.2.2 初始行波到达时差关系分析

通过上节分析可知,基于行波特征的故障选线方法关键在于准确识别线模初始行波。为了能够准确识别出线模初始行波,必须要求采样频率足够高。采样频率虽然能够采用改进硬件配置的方式提高,但一味地提高采样频率并不能根本消除零模电流初始行波和线模电流反射行波的不良影响,并且硬件性能也约束了采样频率的无限制提高,实现较为困难。

对于拓扑结构,线路参数已知的配电网,由于正常情况下馈线长度不会改变,且配电线路相对较短,波速度可以认为是一定值,当在母线处注入一行波,可以确定该行波由母线传播到馈线末端所需的时间是一定值。根据这一特点,在配电网故障发生之前,可事先计算行波在各馈线上的传播时间,并两两做差得到行波传播时间差。当配电网发生故障后,馈线末端同步检测装置将测量到故障初始行波,通过相应处理可获取初始行波到达各馈线末端时刻,将各初始行波到达时刻两两做差得到初始行波到达时间差。对比馈线间的两种时间差,可以得到[115]:

(1) 非故障线路间的行波到达时间差只和线路本身参数的差异有关,因此,非故障线路间的行波到达时差和行波传播时差相等。

(2) 非故障线路与故障线路间的行波到达时间差不仅与线路本身参数相关,还受故障点位置影响,因此,这两类线路间的行波到达时差和行波传播时差存在差异。

综上,通过分析故障后获得的行波到达时差与故障前由线路参数计算的行波传播时差的关系,可以判断故障线路。

5.2.3 含混合线路配电网的故障选线及定位流程

配电网多存在电缆和架空线混合线路,行波在混合线路中传播时,除各段线路行波波速不同外,电缆和架空线的波阻抗也不一样,因此故障行波经过两段线路的连接点时会发生折反射。

为说明行波在混合线路中的传播过程，本节不考虑远端折、反射波(即其他线路上产生的折、反射波)的影响，以图 5-4 所示结构简单的三段配电混合线路为例。图中，P_1、P_2表示电缆和架空线的连接点，L_1、L_2、L_3分别为线路 AP_1、线路 P_1P_2和线路 BP_2长度。假设在电缆和架空线中行波的传播速度分别为 v_c、v_l，则行波在线路 AP_1、线路 P_1P_2和线路 BP_2 中传播的时间可表示为

$$\begin{cases} t_1 = \dfrac{L_1}{v_l} \\ t_2 = \dfrac{L_2}{v_c} \\ t_3 = \dfrac{L_3}{v_l} \end{cases} \tag{5-26}$$

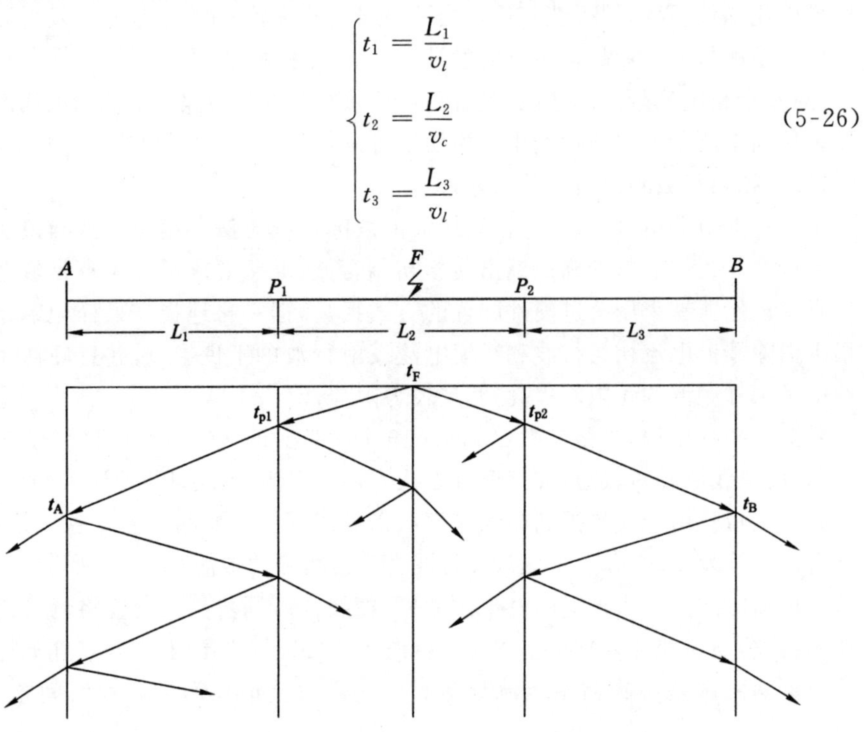

图 5-4　配电混合线路的行波传播过程

如图 5-4 所示，在 t_0时刻，电缆 F 点处发生故障。故障产生的初始行波将沿着电缆以速度 v_c向连接点 P_1 和 P_2 传播，并在 t_{P1}和 t_{P2}时刻分别到达两连接点。初始行波在连接点 P_1和 P_2处将产生折反射，反射行波沿电缆以速度 v_c传回故障点，折射波则沿架空线以速度 v_l继续向两端传播，并在 $t_A = t_{P1} + t_1$ 和 $t_B = t_{P2} + t_3$ 时刻分别到达线路末端 A 和 B。在 A 和 B 处行波将产生新的折反射，开始新一轮的传播，这里不再赘述。

根据上述分析可知，相比于单一介质线路，行波在线缆混合线路中传播时会产生更多次的折反射，如果考虑远端行波的影响，其传播过程会更为复杂。要从混合线路单端检测的故障信号中辨识出故障点反射波是很难的，因此，不宜采用

单端行波法定位混合线路故障。双端行波法只需要检测初始行波传播至线路两端的时间，而不用辨识后续折反射行波，定位结果可靠，更适用于配电混合线路的故障定位。

利用初始行波到达时差与行波传播时差的关系，实现配电网故障选线和故障定位的过程如下。

(1) 将各个馈线实际参数代入式(5-27)中，计算行波在不同介质线路中的传播速度。

$$v = 1/(LC)\frac{1}{2} \tag{5-27}$$

式中，L、C分别表示线路单位长度的电感和电容。

(2) 配电线路按介质一般分为架空线和电缆线路两种。在这两种线路中行波波速明显不同[164]，对配电线路参数作归一化处理。v_c、v_l分别为行波在电缆和架空线中的波速，L_{cable}表征配电网络中某段电缆长度，存在如下换算关系：

$$L_{eq} = \frac{L_{cable}}{v_c}v_l \tag{5-28}$$

式中，L_{eq}表示长度为L_{cable}的电缆等效成架空线后的长度。

根据式(5-28)将配电网中所有电缆都等效成架空线。

(3) 计算$\Delta T_{i-j}=\frac{|L_i-L_j|}{v_l}$，其中，$i,j=1,2,3,\cdots,n$，且$i\neq j$，$L_i$、$L_j$分别表示第$i$和$j$条馈线归一化处理后的长度，$\Delta T_{i-j}$表示第$i$和$j$条馈线间的行波传播时间差。构建各馈线间的传播时间差矩阵，记为ΔT。

$$\Delta T = \begin{bmatrix} \Delta T_{1-2} & \Delta T_{1-3} & \Delta T_{1-4} & \cdots & \Delta T_{1-n} \\ - & \Delta T_{2-3} & \Delta T_{2-4} & \cdots & \Delta T_{2-n} \\ - & - & \Delta T_{3-4} & \cdots & \Delta T_{3-n} \\ \vdots & \vdots & \vdots & \ddots & \vdots \\ - & - & - & \cdots & \Delta T_{(n-1)-n} \end{bmatrix} \tag{5-29}$$

(4) 通过同步检测装置测量各馈线末端的电压信号，当第k条馈线发生故障时，利用5.1节所述行波检测方法从测量的电压信号中检测初始行波到达各馈线末端时刻，记为$t_1,t_2,\cdots,t_n$。

(5) 将行波到达时刻$t_1,t_2,\cdots,t_n$两两做差，构建行波到达时差矩阵Δt。

$$\Delta t = \begin{bmatrix} \Delta t_{1-2} & \Delta t_{1-3} & \Delta t_{1-4} & \cdots & \Delta t_{1-n} \\ - & \Delta t_{2-3} & \Delta t_{2-4} & \cdots & \Delta t_{2-n} \\ - & - & \Delta t_{3-4} & \cdots & \Delta t_{3-n} \\ \vdots & \vdots & \vdots & \ddots & \vdots \\ - & - & - & \cdots & \Delta t_{(n-1)-n} \end{bmatrix} \tag{5-30}$$

其中，$\Delta t_{i-j}=|t_i-t_j|$　（$i,j=1,2,3,\cdots,n$，且 $i\neq j$），表示第 i 和 j 条馈线间的行波到达时差。

(6) 定义特征矩阵 δ，$\delta=\Delta T-\Delta t$。当 $i=1$ 时，去除 δ 的第 1 行和第 1 列得到子矩阵 δ_1；当 $i=n$ 时，去除 δ 的第 $n-1$ 行和第 $n-1$ 列得到子矩阵 δ_n；当 $i=2,3,\cdots,n-1$ 时，去除 δ 的第 i 行和第 $i-1$ 列得到子矩阵 δ_i。

(7) 求取 δ_i 的 F－范数 w_i，比较 $w_1,w_2,\cdots,w_n$ 的大小。如果 w_k 最小，说明特征矩阵 δ 去掉的行和列的数值最大，据此可以判断第 k 条馈线发生了故障[110]。

(8) 将在第 m 条馈线末端和故障线路末端检测的行波到达时刻代入式(5-31)中求解故障距离 d_m。

$$d_m=\frac{1}{2}[v_l(t_m-t_k)+L_{mk}] \tag{5-31}$$

式中，$m=1,2,3,\cdots,n$，且 $m\neq k$，L_{mk} 为第 m 条馈线与故障线路长度之和，即 $L_{mk}=L_k+L_m$。

(9) 求取 $n-1$ 个定位结果的平均值。

$$d=\frac{\sum\limits_{m=i,m\neq i} d_m}{n-1} \tag{5-32}$$

(10) d 为配电线路归一化后的故障距离，需要进一步换算为实际故障距离。

$$d^*=(d-L^*)\frac{v_c}{v_l}+L^* \tag{5-33}$$

其中，d^* 为实际故障距离，L^* 为故障线路末端至故障点这段线路内包含的实际架空线的长度。

5.2.4 仿真分析

利用 PSCAD/EMTDC 建立图 5-5 所示 35 kV 单端辐射状配电网仿真模型，该模型包含 1 条电缆、3 条架空线和 2 条线缆混合线路。为尽可能反映实际配电线路的暂态特性，电缆和架空线均采用频率相关线路模型(frequency dependent model)，电缆、架空线参数如表 5-3 所示。各线路末端都接有 Y-Δ 型连接的配电变压器，变比为 35 kV/10 kV。同步测量点设置在各线路末端的变压器一次侧，负载设置为感性，采用 fixed load 模型。采样率为 10 MHz。馈线 l_3 距末端 2.3 km 处发生 A 相接地故障，过渡电阻为 50 Ω。

按步骤(2)对配电线路作归一化处理，归一化后配电线路长度如表 5-4 所示。由各个馈线长度与波速度计算传播时间差，据此构建传播时间差矩阵 ΔT。

$$\Delta T=\begin{bmatrix}5.62 & 2.71 & 8.82 & 7.11 & 2.9\\ — & 8.33 & 3.2 & 1.5 & 8.52\\ — & — & 11.53 & 9.82 & 0.19\\ — & — & — & 1.71 & 11.72\\ — & — & — & — & 10.01\end{bmatrix}$$

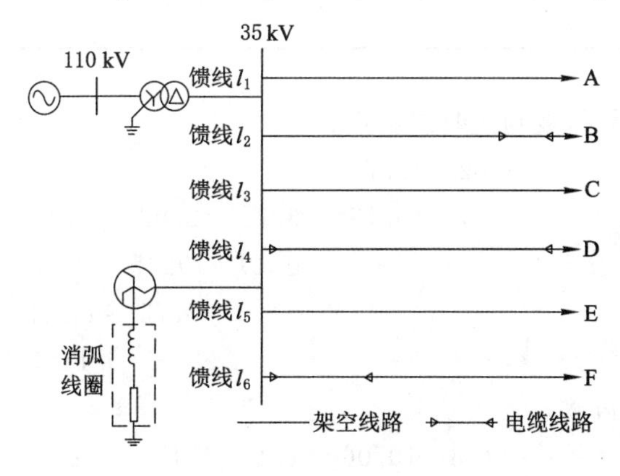

图 5-5　35 kV 配电网模型

表 5-3　线路参数

线路类型	相序	阻抗(Ω/m)	导纳(S/m)
电缆	零序	$0.2\times10^{-3}+j0.2\times10^{-2}$	$j0.2\times10^{-7}$
	正序	$0.3\times10^{-4}+j0.2\times10^{-3}$	$j0.2\times10^{-7}$
架空线	零序	$0.3\times10^{-3}+j0.1\times10^{-2}$	$0.1\times10^{-10}+j0.2\times10^{-8}$
	正序	$0.3\times10^{-4}+j0.4\times10^{-3}$	$0.1\times10^{-10}+j0.3\times10^{-8}$

表 5-4　线路参数的归一化处理

支路	线路原长度/km		归一化后长度/km
	架空线	电缆	
l_1	4.6	0	4.6
l_2	4.2	1.2	6.258
l_3	3.8	0	3.8
l_4	0	4.2	7.204
l_5	6.7	0	6.7
l_6	2.2	0.9	3.744

根据步骤(4),对采集的电压信号进行检测,获得故障初始行波到达各线路末端的时刻,以最先到达时刻为参考,记为 0 s,如表 5-5 所示。

表 5-5　行波到达各线路末端的时刻

测点	A	B	C	D	E	F
行波到达时刻/μs	12.77	16.79	0	20.49	19.77	8.67

由表 5-5 推导行波到达时差矩阵 Δt。

$$\Delta t=\begin{bmatrix}4.02 & 12.77 & 7.72 & 7 & 4.1\\ — & 16.79 & 3.7 & 2.98 & 8.12\\ — & — & 20.49 & 19.77 & 8.67\\ — & — & — & 0.72 & 11.82\\ — & — & — & — & 11.1\end{bmatrix}$$

计算特征矩阵 δ。

$$\delta=\begin{bmatrix}1.6 & 10.06 & 1.1 & 0.11 & 1.2\\ — & 8.46 & 0.5 & 1.48 & 0.4\\ — & — & 8.96 & 9.95 & 8.48\\ — & — & — & 0.99 & 0.1\\ — & — & — & — & 1.09\end{bmatrix}$$

去除 δ 的第 1 行和第 1 列得到子矩阵 δ_1;

$$\delta_1=\begin{bmatrix}8.46 & 0.5 & 1.48 & 0.4\\ — & 8.96 & 9.95 & 8.48\\ — & — & 0.99 & 0.1\\ — & — & — & 1.09\end{bmatrix}$$

去除 δ 的第 2 行和第 1 列得到子矩阵 δ_2;

$$\delta_2=\begin{bmatrix}10.06 & 1.1 & 0.11 & 1.2\\ — & 8.96 & 9.95 & 848\\ — & — & 0.99 & 0.1\\ — & — & — & 1.09\end{bmatrix}$$

同理,得到子矩阵 δ_3、δ_4、δ_5;

$$\delta_3=\begin{bmatrix}1.6 & 1.1 & 0.11 & 1.2\\ — & 0.5 & 1.48 & 0.4\\ — & — & 0.99 & 0.1\\ — & — & — & 1.09\end{bmatrix}$$

$$\delta_4 = \begin{bmatrix} 1.6 & 10.06 & 0.11 & 1.2 \\ — & 8.46 & 1.48 & 0.4 \\ — & — & 9.95 & 8.48 \\ — & — & — & 1.09 \end{bmatrix}$$

$$\delta_5 = \begin{bmatrix} 1.6 & 10.06 & 1.1 & 1.2 \\ — & 8.46 & 0.5 & 0.4 \\ — & — & 8.96 & 8.48 \\ — & — & — & 0.1 \end{bmatrix}$$

去除 δ 的第 6 行和第 6 列得到子矩阵 δ_6；

$$\delta_6 = \begin{bmatrix} 1.6 & 10.06 & 1.1 & 0.11 \\ — & 8.46 & 0.5 & 1.48 \\ — & — & 8.96 & 9.95 \\ — & — & — & 0.99 \end{bmatrix}$$

求取上述子矩阵的 F－范数，分别为：$w_1=18.1$，$w_2=18.39$，$w_3=3.16$，$w_4=18.74$，$w_5=18.18$，$w_6=18.95$。其中，w_3 最小，可以判断故障发生在线路 l_3。由步骤(8)～(10)得到故障距离 $d^*=2.331\times10^3$ m，定位误差为 0.031 km。

5.3　基于分段比较原理的配电网故障定位方法

5.3.1　分段比较定位的基本原理

典型单分支配电网络拓扑结构如图 5-6 所示。图中：A、B、C 分别为测量点，F 为故障点，G 为给定的任意点，o 为交点；L_{AG}、L_{BG}、L_{CG} 分别表示任意点到各个线路末端的距离；L_{AF}、L_{BF}、L_{CF} 分别表示故障点 F 到各个线路末端的距离。

设行波从 G 传播至 A、B、C 处所需时间分别为 $T_{A(G)}$、$T_{B(G)}$、$T_{C(G)}$，满足如下关系：

$$T_{A(G)} = \frac{L_{AG}}{v_{AG}} \tag{5-34}$$

$$T_{B(G)} = \frac{L_{BG}}{v_{BG}} \tag{5-35}$$

$$T_{C(G)} = \frac{L_{CG}}{v_{CG}} \tag{5-36}$$

式中，v_{AG}、v_{BG}、v_{CG} 为行波穿越 AG、BG、CG 段线路的传播波速。

假设图 5-6 所示配电网的各条线路均为架空线，且线路参数一致，则行波波

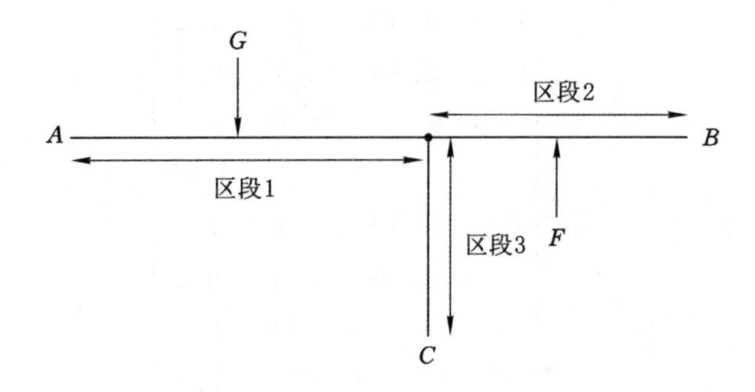

图 5-6　单分支网络

速度可用一定值表示，即 $v_{AG}=v_{BG}=v_{CG}=v_l$。

联立式(5-34)～(5-36)，可得 G 点的行波到达时差。

$$\begin{cases}\Delta T_{AB(G)}=T_{A(G)}-T_{B(G)}=\dfrac{1}{v_l}(L_{AG}-L_{BG})\\ \Delta T_{BC(G)}=T_{B(G)}-T_{C(G)}=\dfrac{1}{v_l}(L_{BG}-L_{CG})\\ \Delta T_{AC(G)}=T_{A(G)}-T_{C(G)}=\dfrac{1}{v_l}(L_{AG}-L_{CG})\end{cases}\tag{5-37}$$

G 为给定位置，在已知网络拓扑情况下，AG、BG、CG 段线路的长度 L_{AG}、L_{BG}、L_{CG} 可以确定。因此，G 点的行波到达时差可通过式(5-37)计算。

当故障发生时，故障行波经过一段时间传播后到达测量点，到达时间可通过同步测量装置检测，分别为 t_A、t_B、t_C。将行波到达时间两两做差，得到 F 点的行波到达时差。

$$\begin{cases}\Delta t_{AB(F)}=t_A-t_B\\ \Delta t_{BC(F)}=t_B-t_C\\ \Delta t_{AC(F)}=t_A-t_C\end{cases}\tag{5-38}$$

定义 R，如式(5-39)所示。

$$R=|\Delta T_{AB(G)}-\Delta t_{AB(F)}|+|\Delta T_{BC(G)}-\Delta t_{BC(F)}|+|\Delta T_{AC(G)}-\Delta t_{AC(F)}|\tag{5-39}$$

显然，由于 G 点到达时差和 F 点到达时差均是已知，因此，R 可以通过式(5-39)计算。进一步分析 R 的计算值和给定点与故障点间距离的关系。

按照式(5-37)的形式，推导 Δt_{AB}、Δt_{BC}、Δt_{AC} 的另一种表达式

$$\begin{cases} \Delta t_{AB} = \dfrac{1}{v_l}(L_{AF} - L_{BF}) \\ \Delta t_{BC} = \dfrac{1}{v_l}(L_{BF} - L_{CF}) \\ \Delta t_{AC} = \dfrac{1}{v_l}(L_{AF} - L_{CF}) \end{cases} \tag{5-40}$$

联立式(5-37)、式(5-39)和式(5-40)，并根据 G、F 在配电网中所处的位置将联立后的等式进行化简，结果如下：

(1) G、F 位于同一区段，且 G、F 不重合。

$$R = \frac{2}{v_l}L_{GF} \tag{5-41}$$

其中，L_{GF} 为 GF 段线路的长度。

(2) G、F 位于同一区段，且 G、F 重合。

$$R = 0 \tag{5-42}$$

(3) G、F 位于不同区段。

$$R = \frac{4}{v_l}L_{GF} \tag{5-43}$$

由式(5-41)～(5-43)可以看出：当给定点与故障点重合时，R 有最小值，不考虑波速选取及时间标定误差情况下为0。

5.3.2　基于分段比较原理的配电网故障定位实现

配电网馈线多采用分层树型拓扑结构，即主干线路上连接分支，分支线路上又引出子分支线路。定义主干线路上任意一端为主干线路起点，分支线路(子分支线路)起点为该分支线路(子分支线路)与主干线路(分支线路)的交点。

假设配电网共计 n 个线路末端，包含 $n-1$ 条线路。由起点至线路末端，依次对 $n-1$ 条线路进行分段，每段线路长度均为 φ，共计 m 个节点。线路末端用 $o_i(i=1,2,\cdots,n)$ 表示，节点用 $p_j(j=1,2,\cdots,m)$ 表示。计算节点至线路末端的距离，构建如下 $(n\times m)$ 矩阵[116]：

$$L = \begin{bmatrix} L_{o_1p_1} & L_{o_1p_2} & \cdots & L_{o_1p_m} \\ L_{o_2p_1} & L_{o_2p_2} & \cdots & L_{o_2p_m} \\ \vdots & \vdots & \ddots & \vdots \\ L_{o_np_1} & L_{o_np_2} & \cdots & L_{o_np_m} \end{bmatrix} \tag{5-44}$$

本章将 L 称为分段路径矩阵，能反映任意节点与任意线路末端的距离，例如，$L_{o_2p_1}$ 表示分段路径 o_2p_1 的长度。

为避免繁重的手动计算，下面给出通用的分段路径长度计算公式。

定义 $(n-1\times n-1)$ 矩阵，A 和 B。$A[x,y]$ 为 A 中第 x 行第 y 列元素，表示

第 x 条线路至第 y 条线路的距离，当第 x 条线路与第 y 条线路直接相连时，$A[x,y]=0$。$B[x,y]$为 B 中第 x 行第 y 列元素，表示第 x 条线路起点与第 y 条线路起点间的距离。

将$(n-1)$条线路的长度依次累加，得到向量 λ，$\lambda=(\lambda_1,\lambda_2,\cdots,\lambda_n)$，其中，$\lambda_1=0$；$\lambda_i=\sum_{x=1}^{i-1}L_x$（$L_x$ 为第 x 条线路长度，$i=2,\cdots,n$）[116]。

假设 o_i 为第 i 个线路末端，位于第 x 条线路上，对应网络的第 r 个节点 p_r；p_j 为网络的第 j 个节点，位于第 y 条线路上。根据节点位置分布，路径长度计算公式归纳如下：

(1) 情况 1：$A[x,y]=0$，且 $B[x,y]=0$，即 o_i 与 p_j 位于同一线路上。

$$L[i,j]=|r-j|\varphi \tag{5-45}$$

(2) 情况 2：$A[x,y]=0$，且 $x>y$。

$$L[i,j]=|j\varphi-\lambda[y]-B[x,y]|+|r\varphi-\lambda[x]| \tag{5-46}$$

(3) 情况 3：$A[x,y]=0$，且 $x<y$。

$$L[i,j]=|r\varphi-\lambda[x]-B[x,y]|+|j\varphi-\lambda[y]| \tag{5-47}$$

(4) 情况 4：$A[x,y]>0$，且 $x<y$。

$$L[i,j]=|r\varphi-\lambda[x]-(B[x,y]-A[x,y])|+|j\varphi-\lambda[y]|+A[x,y] \tag{5-48}$$

(5) 情况 5：$A[x,y]>0$，且 $x>y$。

$$L[i,j]=|j\varphi-\lambda[y]-(B[x,y]-A[x,y])|+|r\varphi-\lambda[x]|+A[x,y] \tag{5-49}$$

为提高构建分段路径矩阵的效率，在构建 L 之前应根据式(5-28)对线路参数作归一化处理。将 L 中元素依次比上波速度，得到行波在各分段路径上的传播时间矩阵 T。

$$T=\begin{bmatrix} T_{o_1(p_1)} & T_{o_1(p_2)} & \cdots & T_{o_1(p_m)} \\ T_{o_2(p_1)} & T_{o_2(p_2)} & \cdots & T_{o_2(p_m)} \\ \vdots & \vdots & \ddots & \vdots \\ T_{o_n(p_1)} & T_{o_n(p_2)} & \cdots & T_{o_n(p_m)} \end{bmatrix} \tag{5-50}$$

提取 T 中第 j 列向量($j=1,2,\cdots,m$)，按式(5-37)形式两两做差，构建行波从节点 p_j 传播至各线路末端的时间差矩阵：

$$\Delta T_j=\begin{bmatrix} \Delta T_{o_1o_2(p_j)} & \Delta T_{o_2o_3(p_j)} & \cdots & T_{o_{n-1}o_n(p_j)} \\ \Delta T_{o_1o_3(p_j)} & \Delta T_{o_2o_4(p_j)} & \cdots & - \\ \vdots & \vdots & \ddots & \vdots \\ \Delta T_{o_1o_n(p_j)} & - & \cdots & - \end{bmatrix} \tag{5-51}$$

ΔT_j 的构建只与分段路径及线路结构有关，因此，ΔT_j 可在故障发生之前离线获得，减少在线计算负担。

将基于分段比较原理的故障定位过程归纳如下：

(1) 通过同步测量装置测量各线路末端的电压信号，当线路发生故障时，利用 5.2 节所述行波检测方法从测量的电压信号中检测故障初始行波到达各线路末端时刻，记为 $t_1, t_2, \cdots, t_n$。

(2) 根据故障行波到达时间，按照 ΔT_j 的结构形式构建初始行波从故障点传播至各线路末端的到达时差矩阵 Δt^*。

(3) 令 $\delta(j) = \Delta T_j - \Delta t^*$，其中 $j = 1, 2, \cdots, m$，求取 $\delta(j)$ 的 F－范数 $\omega(j)$，定义如下：

$$\omega(j) = \| \delta(j) \|_F \tag{5-52}$$

(4) 比较 $w(1), w(2), \cdots, w(m)$ 的大小，选出其中最小值。考虑在线计算负担问题，线段长度 φ 不可能取无限小。因此，如果 $w(k)$ 为最小值，只是表明节点 p_k 与故障点最接近，但在误差允许范围内，可以认为故障发生在节点 p_k 处。

(5) 假设节点 p_k 位于第 x 条线路上，该线路末端为 o_i，其对应整个网络的第 r 个节点 p_r。此时，故障距离 $L_{o_i p_k}$ 可以确定。

$$L_{o_i p_k} = |(r - k)\varphi| \tag{5-53}$$

(6) 故障距离 $L_{o_i p_k}$ 是配电线路归一化后的定位结果，进一步，根据式(5-33)将 $L_{o_i p_k}$ 换算为实际故障距离。

5.3.3　仿真分析

为验证所提方法的有效性，采用 PSCAD/EMTDC 仿真软件对 35 kV 配电系统进行仿真。电网网络拓扑及其线路长度如图 5-7 所示，模型参数同图 5-5 所示模型。采样频率取 10 MHz。仿真数据利用 Matlab 进行处理。

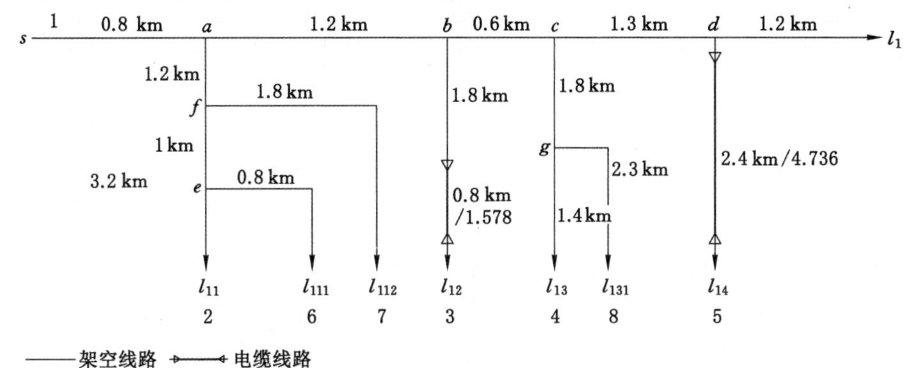

图 5-7　仿真模型

将配电线路参数归一化，按 φ=10 m 将线路进行分段，节点分布如表 5-6 所示。根据网络结构和线路长度构建矩阵 A、B，计算 λ=(0,5.1,8.3,11.678,14.878,19.614,20.414,22.214,24.514)。在此基础上，按照上文所提方法，构建分段路径矩阵 L。限于篇幅，矩阵 L，及各节点的行波到达时差矩阵不在文中给出。

$$A=\begin{bmatrix} 0 & 0 & 0 & 0 & 0 & 2.2 & 1.2 & 1.8 \\ 0 & 0 & 1.2 & 1.8 & 3.1 & 0 & 0 & 3.6 \\ 0 & 1.2 & 0 & 0.6 & 1.9 & 3.4 & 2.4 & 2.4 \\ 0 & 1.8 & 0.6 & 0 & 1.3 & 4 & 3 & 0 \\ 0 & 3.1 & 1.9 & 1.3 & 0 & 5.3 & 4.3 & 3.1 \\ 2.2 & 0 & 3.4 & 4 & 5.3 & 0 & 1 & 5.8 \\ 1.2 & 0 & 2.4 & 3 & 4.3 & 4 & 0 & 4.8 \\ 1.8 & 3.6 & 2.4 & 0 & 3.1 & 5.8 & 4.8 & 0 \end{bmatrix}$$

$$B=\begin{bmatrix} 0 & 0.8 & 2 & 2.6 & 3.9 & 3 & 2 & 4.4 \\ 0.8 & 0 & 1.2 & 1.8 & 3.1 & 2.2 & 1.2 & 3.6 \\ 2 & 1.2 & 0 & 0.6 & 1.9 & 3.4 & 2.4 & 2.4 \\ 2.6 & 1.8 & 0.6 & 0 & 1.3 & 4 & 3 & 1.8 \\ 3.9 & 3.1 & 1.9 & 1.3 & 0 & 5.3 & 4.3 & 3.1 \\ 3 & 2.2 & 3.4 & 4 & 5.3 & 0 & 1 & 5.8 \\ 2 & 1.2 & 2.4 & 3 & 4.3 & 1 & 0 & 4.8 \\ 4.4 & 3.6 & 2.4 & 1.8 & 3.1 & 5.8 & 4.8 & 0 \end{bmatrix}$$

表 5-6 节点位置分布

分支序号	长度/km	节点分布	起点	末端
1	5.1	1～511	s	o_{l1}
2	3.2	512～831	a	o_{l11}
3	2.6/3.378	832～1 169	b	o_{l12}
4	3.2	1 170～1 489	c	o_{l13}
5	2.4/4.736	1 490～1 963	d	o_{l14}
6	0.8	1 964～2 043	e	o_{l111}
7	1.8	2 044～2 223	f	o_{l112}
8	2.3	2224～2453	g	o_{l131}

在仿真模型中分别设置三例故障：

(1) 发生A相接地故障，过渡电阻10 Ω，故障点$F1$位于线路l_1，对应网络的第405个节点；

(2) 发生AB相接地故障，过渡电阻100 Ω，故障点$F2$位于线路l_3，对应网络的第1 070个节点；

(3) 发生B相接地故障，过渡电阻50Ω，故障点$F3$位于线路l_1，对应网络的第319个节点。

采集各个线路末端的故障电压信号，经小波分析后，得到初始行波到达时刻，将最先到达时刻认为是0 s，其他时刻以此为参考，结果如表5-7所示。根据故障定位步骤(2)～(4)确定故障位置，结果如图5-8～图5-10所示。实际故障距离按故障定位步骤(5)～(6)计算，结果如表5-8所示。

表5-7　行波到达时刻

线路末端	行波到达时刻/μs		
	$F1$	$F2$	$F3$
o_{l1}	0	15.49	6.91
o_{l11}	17.47	18.73	10.73
o_{l12}	14.98	0	9.01
o_{l13}	12.48	17.63	6.21
o_{l14}	12.35	26.2	10.91
o_{l111}	17.3	19.06	11.06
o_{l112}	16.44	18.47	10.14
o_{l131}	14.97	20.33	9.23
s	10.55	10.71	3.31

表5-8　故障定位结果

故障点	计算的节点	定位结果/km(故障点距s的距离)	定位误差/km
$F1$	408	4.070	0.030
$F2$	1066	4.079	0.032
$F3$	317	3.160	0.020

以故障2为例，将较大的测量误差分别加在各线路末端的行波到达时间上，

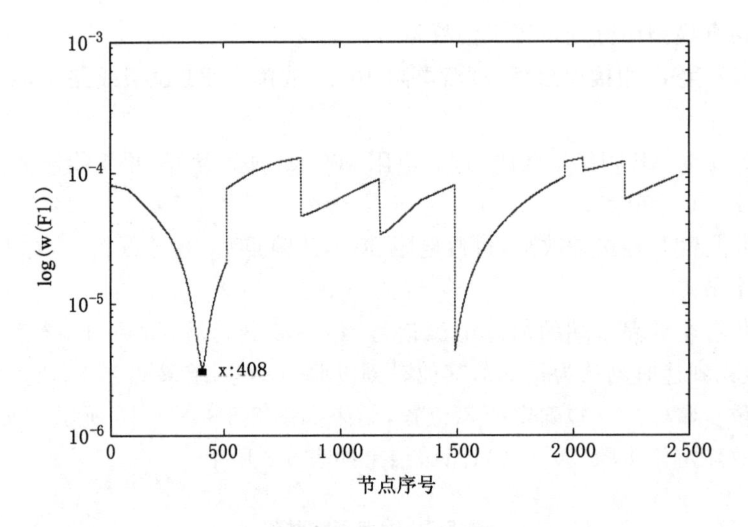

图 5-8　故障点 $F1$ 的位置指标

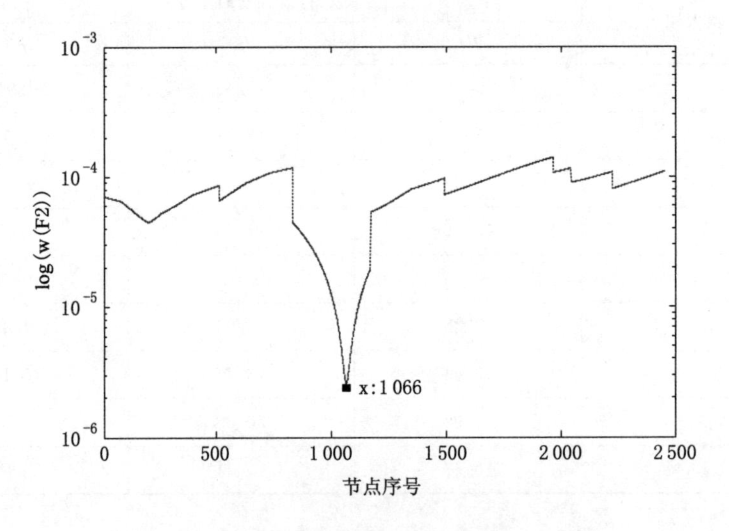

图 5-9　故障点 $F2$ 的位置指标

然后根据这些时间数据,利用所提方法进行故障定位,结果如图 5-11～图 5-13 所示。由图可以看出:当测量误差出现在非故障线路上时,随着误差增大(0 μs→1 μs→5 μs),w 的最小值点逐渐偏离故障节点,定位误差最大约为 0.38 km;当测量误差出现在非故障线路上时,w 的最小值点一直位于故障节点附近,最大定位误差约为 0.096 km。在相同误差级别下,将文献[113]方法与所提定位方法进行比较,通过分析可知:故障线路误差对两种方法的定位结果影响都较大,

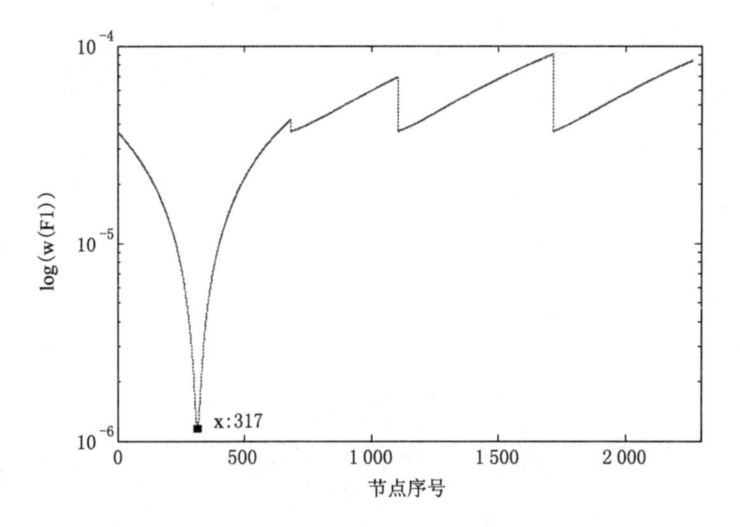

图 5-10　故障点 $F3$ 的位置指标

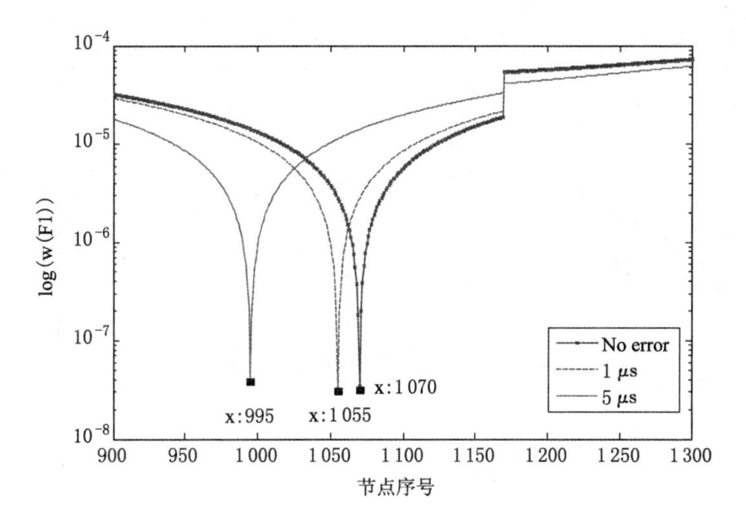

图 5-11　故障线路末端测量误差的影响

这属于行波定位原理上的缺陷,不可消除;在非故障线路存在测量误差的情况下,即使测量误差很大,利用所提方法定位故障能获得较高的定位精度,而文献[113]方法定位精度只有前者的 1/8 左右,表明所提定位方法能有效消除非故障线路误差对定位结果的影响。

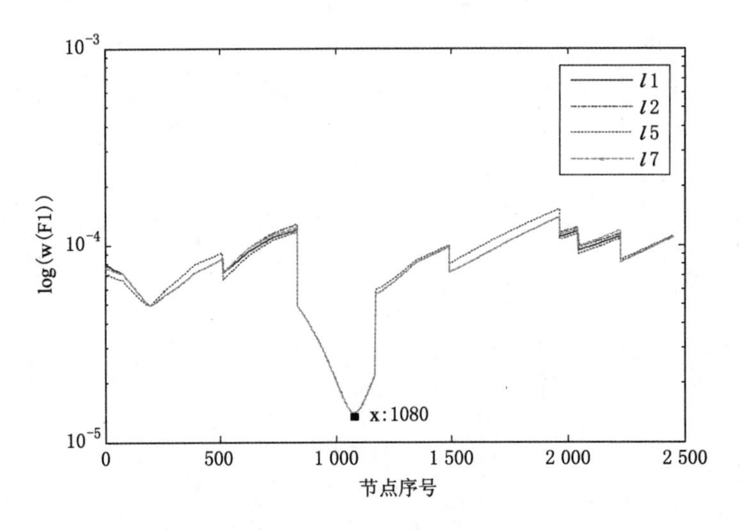

图 5-12　非故障线路末端测量误差的影响(5 μs)

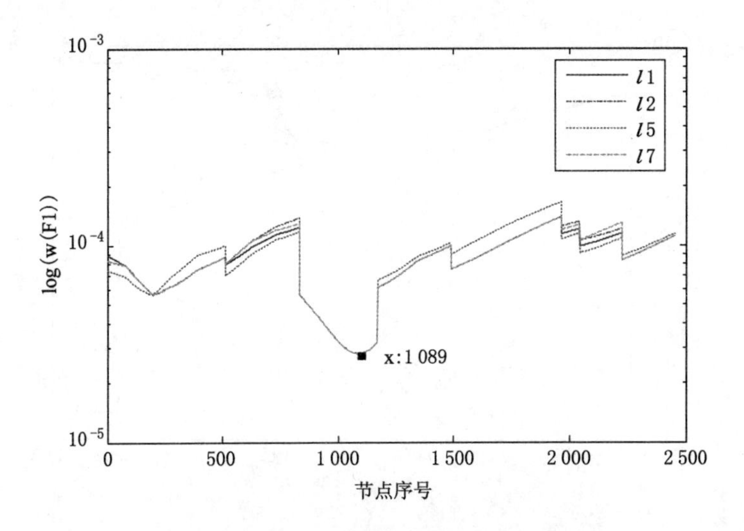

图 5-13　非故障线路末端测量误差的影响(10 μs)

5.4　本章小结

(1) 本章给出一种基于 TDQ 的行波到达时刻检测方法。该检测方法不需要缓存采样信号和提取采样信号特征，通过分析直轴分量信号就能检测行波，同时通过采用自适应阈值，提高了行波到达时刻检测的可靠性。

（2）针对架空线和电缆波速度不一致的问题，将不同结构线路进行归一化处理，然后通过挖掘时差矩阵蕴含的故障信息实现含混合线路配电网的故障选线及故障定位。与其他混合线路行波故障定位方法相比，所提方法适应性更强，实现过程简单。

（3）将配电网所有线路进行划分，根据划分节点至各线路末端的距离建立行波路径矩阵，在此基础上建立各节点的行波传播时差矩阵，然后分析行波传播时差矩阵与故障后行波到达时差矩阵的关系，提出一种基于分段比较原理的配电网故障定位新方法。所提方法不受线路结构、分支数量和分支层的影响。仿真结果表明，在行波到达时间误差较大的情况下，所提方法仍能准确定位故障位置。

第6章　结论及展望

6.1　课题研究的主要结论

电网间的互联提高了供电质量和系统运行的经济性,但会使局部电网的短路故障对整个系统的安全运行产生较大冲击。然而,受人为因素的破坏或者各种恶劣天气的影响,使得电网在运行过程中不可避免会发生各种短路故障。因此,在电网故障后,及时准确地诊断故障元件,定位故障位置,对加快故障排除和供电恢复,防范电网灾变发生具有重要的意义。随着智能电网建设的推进,对电网的安全运行水平提出了更高要求,已有电网短路故障诊断及定位方法在诊断准确度、定位精度和可靠性等方面均受到严峻的挑战。对此,本文重点对基于模型的诊断方法在电网故障诊断的应用、电网故障诊断的解析建模与求解、基于暂态行波的电力线路故障定位展开研究。

本文的主要结论和成果如下:

(1) 提出了一种基于模型诊断的电网故障诊断方法,该方法根据故障发生后断路器未断开前测量的电气量识别可能发生故障的元件,具有一定的预警性。为了解决复杂系统诊断的问题,将对全网的故障诊断分解成对若干独立子系统的故障诊断,降低了诊断的计算复杂性,同时通过离线获得预备候选诊断,在线确认候选诊断的手段,缩减了诊断的时间;针对碰集的求解方法计算复杂性较高的问题,提出了基于因果关系的诊断获取方法;针对诊断的不确定性问题进行研究,将故障后告警信息引入到模型诊断逻辑框架内计算元件实际的故障概率,提高了最优诊断识别的准确性。

(2) 分析了电网故障诊断现有完全解析模型存在多解和误诊的原因,然后根据保护与断路器之间,各类保护之间不确定性概率的差异,通过构建事件评价指标赋予各类保护和断路器不同权值,提出一种改进完全解析模型。通过深入挖掘保护和断路器动作及告警信息的不确定性蕴含的规则,解耦故障元件状态、关联保护及断路器动作之间的关联关系,对解析模型进行了化简,化简后的解析模型完整保留了元件状态、保护动作及断路器断开之间的约束关系,提高了诊断的准确性。

(3) 为了解决运用优化算法求解模型过程中可能陷入局部最优的问题，同时，提高模型求解方法的通用性，将故障过程中保护和断路器的动作状态与告警信息按照保护配置规则关联起来，提出一种基于关联规则的模型求解方法。利用改进完全解析模型结合基于关联规则的模型求解方法进行故障诊断，诊断结果不受保护和断路器动作及其告警信息不确定性的影响。

(4) 通过分析四种类型的行波传播路径，得出透射线模行波与非透射线模行波到达测量端的时间顺序，由此给出了选取初始透射行波的方案。在此基础上，利用第 2 个线模反向行波与初始透射线模行波之间的极性关系实现第 2 个反向行波性质的识别，进而提出基于初始透射行波的输电线路故障定位方法。所提定位方法基本不受母线结构、模量衰减和透射模量的影响，具有较好的可靠性，扩大了单端行波故障定位的应用范围。

(5) 给出一种基于 TDQ 的行波到达时刻检测方法。该检测方法不需要缓存采样信号和提取采样信号特征，通过分析直轴分量信号就能检测行波，并采用自适应阈值，提高行波到达时刻检测的可靠性。

(6) 针对架空线和电缆波速度不一致的问题，将不同结构线路进行归一化处理，然后通过挖掘时差矩阵蕴含的故障信息，提出一种适用于含混合线路配电网的故障选线及定位方法。所提方法与其他混合线路行波故障定位方法相比，适应性更强，实现过程简单。在此基础上，将全网线路进行等分，根据划分节点至各线路末端的距离建立行波路径矩阵，进而建立各节点对应的行波传播时差矩阵，故障后，根据初始行波到达各线路末端时刻建立各分支线路间的行波到达时差矩阵，通过分析行波传播时差矩阵与行波到达时差矩阵的关系，提出一种基于分段比较原理的配电网故障定位新方法。该方法允许测量的行波到达时间存在较大误差，且不受分支数量和分支层的影响。

6.2　工作展望

尽管本文在故障诊断以及故障精确定位方面取得了一定的研究成果，但受时间所限，仍然有以下工作需要进一步展开：

(1) 建立基于模型的诊断模型主要依据基尔霍夫电压、电流方程，实际电网中故障状态信息比较复杂，为了提高建模精度，完善诊断模型，需要在后续研究中丰富建模约束条件；由于故障发生后到断路器断开前的间隙很短暂，使得有效获取电气量比较困难，对此，需要进一步对提高电气量获取的实时性和准确性进行研究。

(2) 电网保护配置呈现多样化,因此本文基于通用配置规则建立的关联规则对某些特定保护可能不适用,为提高基于关联规则的模型求解方法的适应能力,有必要对关联规则的精细化进行研究。

(3) 受脉冲干扰、外部环境和通道量化误差等因素的影响,实际测量的行波数据处处存在奇异性,如何从富含干扰的实测数据中准确、可靠地检测行波和识别行波极性仍是瓶颈,迫切需要研究更加具有适应性和鲁棒性的行波波头标定技术。

(4) 从实际应用的角度考量,配电网故障定位需提供适合大范围推广的经济型故障定位技术,下一步应考虑经济成本,对同步行波采集装置的全网配置进行优化,研究在有限测量点下本文定位算法的实用化。

参考文献

[1] 国家电力调度通信中心. 电网典型事故分析:1999～2007 年[M]. 北京:中国电力出版社,2008.

[2] 林伟芳,孙华东,汤涌,等. 巴西“11·10”大停电事故分析及启示[J]. 电力系统自动化,2010,34(7):1-5.

[3] 林伟芳,汤涌,孙华东,等. 巴西“2·4”大停电事故及对电网安全稳定运行的启示[J]. 电力系统自动化,2011,35(9):1-5.

[4] 范新桥,朱永利. 基于双端行波原理的多端输电线路故障定位新方法[J]. 电网技术,2013,37(1):261-269.

[5] LOPES F V,KüSEL B F,SILVA K M,et al. Fault location on transmission lines little longer than half-wavelength[J]. Electric Power Systems Research,2014,114:101-109.

[6] JENSEN C F,NANAYAKKARA O M K K,RAJAPAKSE A D,et al. Online fault location on AC cables in underground transmission systems using sheath currents[J]. Electric Power Systems Research,2014,115:74-79.

[7] LEE H J,AHN B S,PARK Y M. A fault diagnosis expert system for distribution substations[J]. IEEE Transactions on Power Delivery,2000,15(1):92-97.

[8] 刘青松,夏道止. 基于正反向推理的电力系统故障诊断专家系统[J]. 电网技术,1999,23(9):66-68.

[9] MONSEF H,RANJBAR A M,JADID S. Fuzzy rule-based expert system for power system fault diagnosis[J]. IEE Proceedings-Generation,Transmission and Distribution,1997,144(2):186.

[10] 韩祯祥,钱源平. 基于模糊外展推理和 Tabu 搜索方法的电力系统故障诊断[J]. 清华大学学报:自然科学版,1999,39(3):56-60.

[11] MINAKAWA T,ICHIKAWA Y,KUNUGI M,et al. Development and implementation of a power system fault diagnosis expert system[J]. IEEE Transactions on Power Systems,1995,10(2):932-940.

[12] YANG H T,CHANG W Y,HUANG C L. On-line fault diagnosis of power substation using connectionist expert system[J]. IEEE Transactions on Power Systems,1995,10(1):323-331.

[13] 赵伟,白晓民,丁剑,等. 基于协同式专家系统及多智能体技术的电网故障诊断方法[J]. 中国电机工程学报,2006,26(20):1-8.

[14] YANG H T,CHANG W Y,HUANG C L. A new neural networks approach to on-line fault section estimation using information of protective relays and circuit breakers[J]. IEEE Transactions on Power Delivery,1994,9(1):220-230.

[15] YANG H T,CHANG W Y,HUANG C L. Power system distributed on-line fault section estimation using decision tree based neural nets approach[J]. IEEE Transactions on Power Delivery,1995,10(1):540-546.

[16] DE SOUZA J C S,MEZA E M,SCHILLING M T,et al. Alarm processing in electrical power systems through a neuro-fuzzy approach[J]. IEEE Transactions on Power Delivery,2004,19(2):537-544.

[17] BI T S,YAN Z,WEN F S,et al. On-line fault section estimation in power systems with radial basis function neural network[J]. International Journal of Electrical Power & Energy Systems,2002,24(4):321-328.

[18] 毕天姝,倪以信,吴复立,等. 基于径向基函数神经网络和模糊控制系统的电网故障诊断新方法[J]. 中国电机工程学报,2005,25(14):12-18.

[19] BI T S,WEN F S,NI Y X,et al. Distributed fault section estimation system using radial basis function neural network and its companion fuzzy system[J]. International Journal of Electrical Power & Energy Systems,2003,25(5):377-386.

[20] CARDOSO G,ROLIM J G,ZURN H H. Application of neural-network modules to electric power system fault section estimation[J]. IEEE Transactions on Power Delivery,2004,19(3):1034-1041.

[21] 李孝全,庄德慧,张强. 基于粗糙径向基神经网络的电网故障诊断新模型[J]. 电力系统保护与控制,2009,37(18):20-24.

[22] 苏宏升,李群湛. 基于粗糙集理论和神经网络模型的变电站故障诊断方法[J]. 电网技术,2005,29(16):66-70.

[23] DOS SANTOS FONSECA W A,BEZERRA U H,NUNES M V A,et al. Simultaneous fault section estimation and protective device failure detection using percentage values of the protective devices alarms[J]. IEEE

Transactions on Power Systems,2013,28(1):170-180.

[24] 石东源,熊国江,陈金富,等.基于径向基函数神经网络和模糊积分融合的电网分区故障诊断[J].中国电机工程学报,2014,34(4):562-569.

[25] 孙静,秦世引,宋永华.一种基于 Petri 网和概率信息的电力系统故障诊断方法[J].电力系统自动化,2003,27(13):10-14.

[26] LUO X,KEZUNOVIC M. Implementing fuzzy reasoning petri-nets for fault section estimation[J]. IEEE Transactions on Power Delivery,2008,23(2):676-685.

[27] HE Z Y,YANG J W,ZENG Q F,et al. Fault section estimation for power systems based on adaptive fuzzy petri nets[J]. International Journal of Computational Intelligence Systems,2014,7(4):605-614.

[28] 杨健维,何正友.基于时序模糊 Petri 网的电力系统故障诊断[J].电力系统自动化,2011,35(15):46-51.

[29] ZHANG Y,ZHANG Y,WEN F S,et al. A fuzzy Petri net based approach for fault diagnosis in power systems considering temporal constraints[J]. International Journal of Electrical Power & Energy Systems,2016,78:215-224.

[30] 童晓阳,谢红涛,孙明蔚.计及时序信息检查的分层模糊 Petri 网电网故障诊断模型[J].电力系统自动化,2013,37(6):63-68.

[31] 任惠,米增强,赵洪山.基于编码 PETRI 网的电力系统故障诊断模型研究[J].中国电机工程学报,2005,25(20):44-49.

[32] 曾庆锋,何正友,杨健维.基于有色 Petri 网的电力系统故障诊断模型研究[J].电力系统保护与控制,2010,38(14):5-11.

[33] WANG L,CHEN Q,GAO Z J,et al. Knowledge representation and general Petri net models for power grid fault diagnosis[J]. IET Generation,Transmission & Distribution,2015,9(9):866-873.

[34] WEN F S,HAN Z X. Fault section estimation in power systems using a genetic algorithm[J]. Electric Power Systems Research,1995,34(3):165-172.

[35] 文福拴,韩祯祥.基于模拟进化理论的电力系统的故障诊断[J].电工技术学报,1994,9(2):57-63.

[36] 翁汉琍,毛鹏,林湘宁.一种改进的电网故障诊断优化模型[J].电力系统自动化,2007,31(7):66-70.

[37] 郭文鑫,文福拴,廖志伟,等.计及保护和断路器误动与拒动的电力系统故

障诊断解析模型[J]. 电力系统自动化,2009,33(24):6-10.

[38] GUO W X,WEN F S,LEDWICH G,et al. An analytic model for fault diagnosis in power systems considering malfunctions of protective relays and circuit breakers[J]. IEEE Transactions on Power Delivery,2010,25(3):1393-1401.

[39] 刘道兵,顾雪平,李海鹏. 电网故障诊断的一种完全解析模型[J]. 中国电机工程学报,2011,31(34):85-92.

[40] 刘道兵,顾雪平,梁海平,等. 电网故障诊断完全解析模型的解集评价与最优解求取[J]. 中国电机工程学报,2014,34(31):5668-5676.

[41] 赵冬梅,张旭,魏娟,等. 以重现故障过程为目的的电网故障诊断[J]. 中国电机工程学报,2014,34(13):2116-2123.

[42] GUO W X,WEN F S,LEDWICH G,et al. A new analytic approach for power system fault diagnosis employing the temporal information of alarm messages[J]. International Journal of Electrical Power & Energy Systems,2012,43(1):1204-1212.

[43] WEN F S, CHANG C S. A new approach to time constrained fault diagnosis using the Tabu search method[J]. International journal of engineering intelligent systems for electrical engineering and communications,2002,10(1):19-26.

[44] LIU Y,LI Y,CAO Y J,et al. Forward and backward models for fault diagnosis based on parallel genetic algorithms[J]. Journal of Zhejiang University-SCIENCE A,2008,9(10):1420-1425.

[45] LE? O F B,PEREIRA R A F,MANTOVANI J R S. Fast fault section estimation in distribution control centers using adaptive genetic algorithm[J]. International Journal of Electrical Power & Energy Systems,2014,63:787-805.

[46] LE? O F B,PEREIRA R A F,MANTOVANI J R S. Fault section estimation in electric power systems using an optimization immune algorithm[J]. Electric Power Systems Research,2010,80(11):1341-1352.

[47] 臧天磊,何正友,李超文,等. 基于二进制群智能算法的输电网故障诊断方法[J]. 电力系统保护与控制,2010,38(14):16-22.

[48] HUANG S J,LIU X Z. Application of artificial bee colony-based optimization for fault section estimation in power systems[J]. International Journal of Electrical Power & Energy Systems,2013,44(1):210-218.

[49] 孙丽华.信息论与纠错编码[M].北京:电子工业出版社,2005.

[50] 汤磊,孙宏斌,张伯明,等.基于信息理论的电力系统在线故障诊断[J].中国电机工程学报,2003,23(7):5-11.

[51] 冯永青,孙宏斌,朱成骐,等.基于信息理论与技术的地区电网辅助决策系统设计[J].电力系统自动化,2004,28(4):58-62.

[52] 孙宏斌,高峰,张伯明,等.电力系统最小信息损失状态估计的信息学原理[J].中国电机工程学报,2005,25(6):11-16.

[53] 康泰峰,吴文传,张伯明,等.基于时间溯因推理的电网诊断报警方法[J].中国电机工程学报,2010,30(19):84-90.

[54] 丁剑,白晓民,赵伟,等.基于复杂事件处理技术的电网故障信息分析及诊断方法[J].中国电机工程学报,2007,27(28):40-45.

[55] HUANG Q Z. Fault diagnosis method of power system based on rough set and Bayesian networks[J]. Journal of Information and Computational Science,2013,10(18):5963-5970.

[56] SHI Q X,LIANG S J,FEI W,et al. Study on Bayesian network parameters learning of power system component fault diagnosis based on particle swarm optimization[J]. International Journal of Smart Grid and Clean Energy,2013,2(1):132-137.

[57] HUANG D R,TANG J P,ZHAO L. A fault diagnosis method of power systems based on gray system theory[J]. Mathematical Problems in Engineering,2015,2015:1-11.

[58] CHEN W H. Online fault diagnosis for power transmission networks using fuzzy digraph models[J]. IEEE Transactions on Power Delivery,2012,27(2):688-698.

[59] CHEN W H. Decentralized fault diagnosis and its hardware implementation for distribution substations[J]. IEEE Transactions on Power Delivery,2012,27(2):902-909.

[60] SUN Q Y,WANG C L,WANG Z L,et al. A fault diagnosis method of Smart Grid based on rough sets combined with genetic algorithm and tabu search [J]. Neural Computing and Applications, 2013, 23 (7/8): 2023-2029.

[61] 卢鹏,王锡淮,肖健梅.基于粗糙集和图论的电力系统故障诊断方法[J].控制与决策,2013,28(4):511-516.

[62] WANG T,ZHANG G X,PéREZ-JIMéNEZ M J,et al. Weighted fuzzy rea-

soning spiking neural P systems: application to fault diagnosis in traction power supply systems of high-speed railways[J]. Journal of Computational and Theoretical Nanoscience, 2015, 12(7): 1103-1114.

[63] WANG T, ZHANG G X, ZHAO J B, et al. Fault diagnosis of electric power systems based on fuzzy reasoning spiking neural P systems[J]. IEEE Transactions on Power Systems, 2014, 30(3): 1182-1194.

[64] WANG J, PENG H, TU M, et al. A fault diagnosis method of power systems based on an improved adaptive fuzzy spiking neural P systems and PSO algorithms[J]. Chinese Journal of Electronics. 2016, 25(2): 320-327.

[65] LIN X N, ZHAO F, WU G, et al. Universal wavefront positioning correction method on traveling-wave-based fault-location algorithms[J]. IEEE Transactions on Power Delivery, 2012, 27(3): 1601-1610.

[66] ELKALASHY N I, KAWADY T A, KHATER W M, et al. Unsynchronized fault-location technique for double-circuit transmission systems independent of line parameters[J]. IEEE Transactions on Power Delivery, 2016, 31(4): 1591-1600.

[67] KANG N, LIAO Y. Double-circuit transmission-line fault location utilizing synchronized current phasors[J]. IEEE Transactions on Power Delivery, 2013, 28(2): 1040-1047.

[68] 徐丙垠. 利用暂态行波的输电线路故障测距技术[D]. 西安：西安交通大学，1991.

[69] 王鸿杰，盛戈，刘亚东，等. 采用罗柯夫斯基线圈和ARM+CPLD总线复用系统的输电线路故障暂态电流采集方法[J]. 电力系统保护与控制，2011，39(19)：130-135.

[70] 曾祥君，尹项根，林福昌，等. 基于行波传感器的输电线路故障定位方法研究[J]. 中国电机工程学报，2002，22(6)：42-46.

[71] 周超，何正友，罗国敏. 电磁式电压互感器暂态仿真及行波传变特性分析[J]. 电网技术，2007，31(2)：84-89.

[72] 董新洲. 小波理论应用于输电线路行波故障测距研究[D]. 西安：西安交通大学，2003.

[73] 张峰，梁军，张利，等. 奇异值分解理论和小波变换结合的行波信号奇异点检测[J]. 电力系统自动化，2008，32(20)：57-60.

[74] 姜博，董新洲，施慎行，等. 自适应时频窗行波选线方法研究[J]. 中国电机工程学报，2015，35(24)：6387-6397.

[75] 刘洋,曹云东,侯春光.基于经验模态分解及维格纳威尔分布的电缆双端故障定位算法[J].中国电机工程学报,2015,35(16):4086-4093.

[76] 段建东,刘静,陆海龙,等.基于行波瞬时频率的高压直流输电线路故障测距方法[J].中国电机工程学报,2016,36(7):1842-1848.

[77] 陈仕龙,曹蕊蕊,毕贵红,等.基于形态学的特高压直流输电线路单端电流方向暂态保护[J].电力自动化设备,2016,36(1):67-72.

[78] 束洪春,李义,宣映霞,等.对不受波速影响的输电线路单端行波法故障测距的探讨[J].继电器,2006,34(8):1-6.

[79] 位韶康,陈平,姜映辉.一种不受波速影响的单端行波测距方法[J].电力系统保护与控制,2013,41(13):76-81.

[80] 朱永利,范新桥,尹金良.基于三点电流测量的输电线路行波故障定位新方法[J].电工技术学报,2012,27(3):260-268.

[81] 张怿宁,徐敏,刘永浩,等.考虑波速变化特性的直流输电线路行波故障测距新算法[J].电网技术,2011,35(7):227-232.

[82] 李扬,黄映,成乐祥.考虑故障时刻与波速选取相配合的行波测距[J].电力自动化设备,2010,30(11):44-47.

[83] 高广德,董元成,湛顶,等.架空输电线路的故障测距方法综述[J].通信电源技术,2016,33(4):193-195.

[84] LOPES F V,SILVA K M,COSTA F B,et al. Real-time traveling-wave-based fault location using two-terminal unsynchronized data[J]. IEEE Transactions on Power Delivery,2015,30(3):1067-1076.

[85] LOPES F V. Settings-free traveling-wave-based earth fault location using unsynchronized two-terminal data[J]. IEEE Transactions on Power Delivery,2016,31(5):2296-2298.

[86] 唐金锐,尹项根,张哲,等.零模检测波速度的迭代提取及其在配电网单相接地故障定位中的应用[J].电工技术学报,2013,28(4):202-211.

[87] 张帆,潘贞存,马琳琳,等.基于模量行波传输时间差的线路接地故障测距与保护[J].中国电机工程学报,2009,29(10):78-83.

[88] 陈双,林圣,李小鹏,等.基于系统阻抗自适应的行波固有频率测距方法[J].电网技术,2013,37(6):1739-1745.

[89] 林圣,武骁,何正友,等.基于行波固有频率的电网故障定位方法[J].电网技术,2013,37(1):270-275.

[90] HE Z Y,LI X P,CHEN S. A traveling wave natural frequency-based single-ended fault location method with unknown equivalent system imped-

ance[J]. International Transactions on Electrical Energy Systems,2016,26(3):509-524.

[91] 束洪春,邬乾晋,张广斌,等. 基于神经网络的单端行波故障测距方法[J]. 中国电机工程学报,2011,31(4):85-92.

[92] LIVANI H,EVRENOSO? LU C Y. A fault classification and localization method for three-terminal circuits using machine learning[J]. IEEE Transactions on Power Delivery,2013,28(4):2282-2290.

[93] MOSAVI M R, TABATABAEI A. Traveling-wave fault location techniques in power system based on wavelet analysis and neural network using GPS timing[J]. Wireless Personal Communications,2016,86(2):835-850.

[94] NGU E E,RAMAR K,EISA A. One-end fault location method for untransposed four-circuit transmission lines[J]. International Journal of Electrical Power & Energy Systems,2012,43(1):660-669.

[95] GIRGIS A A,FALLON C M,LUBKEMAN D L. A fault location technique for rural distribution feeders[J]. IEEE Transactions on Industry Applications,1993,29(6):1170-1175.

[96] CHOI M S,LEE S J,LIM S I,et al. A direct three-phase circuit analysis-based fault location for line-to-line fault[J]. IEEE Transactions on Power Delivery,2007,22(4):2541-2547.

[97] SALIM R H,RESENER M,FILOMENA A D,et al. Extended fault-location formulation for power distribution systems[J]. IEEE Transactions on Power Delivery,2009,24(2):508-516.

[98] YOU D H,YE L,YIN X G,et al. A new fault-location method with high robustness for distribution systems[J]. Electronics and Electrical Engineering,2013,19(6):31-36. DOI:10.5755/j01.eee.19.6.1896.

[99] JIN T,LI H N. Fault location method for distribution lines with distributed generators based on a novel hybrid BPSOGA[J]. IET Generation, Transmission & Distribution,2016,10(10):2454-2463.

[100] 伊贵业,杨学昌,吴振升. 配电网接地故障定位的传递函数法[J]. 清华大学学报(自然科学版),2000,40(7):31-34.

[101] 伊贵业,杨学昌,吴振升. 配电网传递函数故障定位法的判据分析[J]. 电力系统自动化,2000,24(19):29-33.

[102] 杨学昌,翁扬波,吴振升,等. 配电线路接地故障定位传递函数法的理论分

析[J]. 高压电器,2002,38(2):15-18.

[103] 吴振升,杨学昌. 配电网接地故障定位传递函数法的试验[J]. 电力系统自动化,2003,27(11):34-37.

[104] 吴振升,杨学昌,曹振翀,等. 多分支配电网接地故障定位的特征向量法[J]. 电力系统自动化,2004,28(16):45-50.

[105] 潘贞存,张慧芬,张帆,等. 信号注入式接地选线定位保护的分析与改进[J]. 电力系统自动化,2007,31(4):71-75.

[106] HAN F L,YU X H,AL-DABBAGH M,et al. Locating phase-to-ground short-circuit faults on radial distribution lines[J]. IEEE Transactions on Industrial Electronics,2007,54(3):1581-1590.

[107] 王楠,张利,杨以涵. 10 kV 配电网单相接地故障交直流信号注入综合定位法[J]. 电网技术,2008,32(24):88-92.

[108] 张利,杨以涵,杨秀媛. 配电网离线故障定位方法研究与实现[J]. 电力系统自动化,2009,33(1):70-74.

[109] 严凤,杨奇逊,齐郑,等. 基于行波理论的配电网故障定位方法的研究[J]. 中国电机工程学报,2004,24(9):37-43.

[110] LIANG R,FU G Q,ZHU X Y,et al. Fault location based on single terminal travelling wave analysis in radial distribution network[J]. International Journal of Electrical Power & Energy Systems,2015,66:160-165.

[111] 张帆,潘贞存,张慧芬,等. 树型配电网单相接地故障行波测距新算法[J]. 中国电机工程学报,2007,27(28):46-52.

[112] 唐金锐,尹项根,张哲,等. 零模检测波速度的迭代提取及其在配电网单相接地故障定位中的应用[J]. 电工技术学报,2013,28(4):202-211.

[113] 贾惠彬,赵海锋,方强华,等. 基于多端行波的配电网单相接地故障定位方法[J]. 电力系统自动化,2012,36(2):96-100.

[114] 徐岩,裘实. 采用点散式测量的配电网电缆线路行波故障定位[J]. 电网技术,2014,38(4):1038-1045.

[115] 梁睿,崔连华,都志立,等. 基于广域行波初始波头时差关系矩阵的配电网故障选线及测距[J]. 高电压技术,2014,40(11):3411-3417.

[116] ROBSON S,HADDAD A,GRIFFITHS H. Fault location on branched networks using a multiended approach[J]. IEEE Transactions on Power Delivery,2014,29(4):1955-1963.

[117] BORGHETTI A,BOSETTI M,DI SILVESTRO M,et al. Continuous-

wavelet transform for fault location in distribution power networks:definition of mother wavelets inferred from fault originated transients[J]. IEEE Transactions on Power Systems,2008,23(2):380-388.

[118] BORGHETTI A, BOSETTI M, NUCCI C A, et al. Integrated use of time-frequency wavelet decompositions for fault location in distribution networks:theory and experimental validation[J]. IEEE Transactions on Power Delivery,2010,25(4):3139-3146.

[119] SADEH J,BAKHSHIZADEH E,KAZEMZADEH R. A new fault location algorithm for radial distribution systems using modal analysis[J]. International Journal of Electrical Power & Energy Systems, 2013, 45(1):271-278.

[120] GAZZANA D S, FERREIRA G D, BRETAS A S, et al. An integrated technique for fault location and section identification in distribution systems[J]. Electric Power Systems Research,2014,115:65-73.

[121] 束洪春,董俊,段锐敏,等. 基于自然频率的辐射状配电网分层分布式ANN故障定位方法[J]. 电力系统自动化,2014,38(5):83-89.

[122] DE KLEER J,WILLIAMS B C. Diagnosing multiple faults[J]. Artificial Intelligence,1987,32(1):97-130.

[123] DE KLEER J,MACKWORTH A K,REITER R. Characterizing diagnoses and systems[J]. Artificial Intelligence,1992,56(2/3):197-222.

[124] 关龙,刘志刚,徐建芳,等. 基于模型的配电网故障诊断关键问题研究[J]. 电力系统保护与控制,2012,40(20):145-150.

[125] 胡非,刘志刚,范福强,等. 配电网线路故障的基于模型诊断方法[J]. 电力系统自动化,2012,36(10):56-60.

[126] 高松,刘志刚,戴晨曦,等. 牵引供电系统故障的基于模型诊断方法研究[J]. 铁道学报,2015,37(9):38-44.

[127] DE KLEER J,MACKWORTH A K,REITER R. Characterizing diagnoses and systems[J]. Artificial Intelligence,1992,56(2/3):197-222.

[128] HUANG J, CHEN L, ZOU P. Computing minimal diagnosis by compounded genetic and simulated annealing algorithm[J]. Journal of Software, 2004, 15(9): 1345-1350.

[129] 赵相福,欧阳丹彤. 基于模型的诊断中产生所有极小冲突集的新方法[J]. 吉林大学学报(工学版),2007,37(2):413-418.

[130] CHITTARO L,RANON R. Hierarchical model-based diagnosis based on

structural abstraction [J]. Artificial Intelligence, 2004, 155 (1/2): 147-182.

[131] 倪云峰,刘健,王树奇,等.利用分块模型的接地网撕裂法故障诊断[J].高电压技术,2011,37(9):2250-2260.

[132] 姜云飞, 林笠. 用对分 HS-树计算最小碰集[J]. Journal of Software, 2002, 13(12):2267-1174.

[133] 张立明,欧阳丹彤,曾海林.基于动态极大度的极小碰集求解方法[J].计算机研究与发展,2011,48(2):209-215.

[134] 姜云飞,林笠.用布尔代数方法计算最小碰集[J].计算机学报,2003,26(8):919-924.

[135] 任巍.求解极小碰集的遗传算法的研究与改进[D].长春:吉林大学,2009.

[136] LIU Z G, DAI C X, HU K T, et al. A new search algorithm of MBD based on spider web and its application in power distribution network fault diagnosis[J]. International Journal on Artificial Intelligence Tools, 2016,25(2):1650002.

[137] 张立明,赵剑,赵相福,等.基于因果关系的模型诊断[J].吉林大学学报(工学版),2009,39(4):1052-1056.

[138] 贾学婷,欧阳丹彤,张立明.基于模型诊断的改进贝叶斯方法[J].计算机科学,2010,37(7):191-194.

[139] KOHLAS J, ANRIG B, HAENNI R, et al. Model-based diagnostics and probabilistic assumption-based reasoning [J]. Artificial Intelligence, 1998,104(1/2):71-106.

[140] 阮羚,谢齐家,高胜友,等.人工神经网络和信息融合技术在变压器状态评估中的应用[J].高电压技术,2014,40(3):822-828.

[141] 熊国江,石东源,朱林,等.基于径向基函数神经网络的电网模糊元胞故障诊断[J].电力系统自动化,2014,38(5):59-65.

[142] 郭创新,游家训,彭明伟,等.基于面向元件神经网络与模糊积分融合技术的电网故障智能诊断[J].电工技术学报,2010,25(9):183-190.

[143] 刘道兵.电网故障诊断的解析化建模与求解[D].北京:华北电力大学,2012.

[144] MIN S W, SOHN J M, PARK J K, et al. Adaptive fault section estimation using matrix representation with fuzzy relations[J]. IEEE Transactions on Power Systems, 2004,19(2):842-848.

[145] 周玉兰,王玉玲.1996 年全国继电保护与安全自动装置运行情况分析[J].

电网技术,1997,21(7):69-75.

[146] JIE L,ELANGOVAN S,DEVOTTA J B X. Adaptive travelling wave protection algorithm using two correlation functions[J]. IEEE Transactions on Power Delivery,1999,14(1):126-131.

[147] ANCELL G B,PAHALAWATHTHA N C. Maximum likelihood estimation of fault location on transmission lines using travelling waves[J]. IEEE Transactions on Power Delivery,1994,9(2):680-689.

[148] 董杏丽,葛耀中,董新洲,等. 基于小波变换的行波测距式距离保护原理的研究[J]. 电网技术,2001,25(7):9-13.

[149] 高效海,何奔腾,王慧芳,等. 行波距离保护中识别第 2 个反射波性质的新方法[J]. 电网技术,2013,37(5):1477-1482.

[150] 施慎行,董新洲,周双喜. 单相接地故障下第 2 个反向行波识别的新方法[J]. 电力系统自动化,2006,30(1):41-44.

[151] 张峰,梁军,丛志鹏,等. 考虑透射模量的初始反极性行波的辨识方法[J]. 电力系统自动化,2013,37(10):108-112.

[152] 葛耀中. 新型继电保护和故障测距的原理与技术[M]. 2 版. 西安:西安交通大学出版社,2007.

[153] 施慎行,董新洲,周双喜. 单相接地故障行波分析[J]. 电力系统自动化,2005,29(23):29-32.

[154] 季涛. 利用电磁式电压互感器实现小电流接地系统行波故障定位和选相[J]. 电工技术学报,2012,27(8):172-178.

[155] 郑涛,潘玉美,郭昆亚,等. 基于节点阻抗矩阵的配电网故障测距算法[J]. 电网技术,2013,37(11):3233-3240.

[156] 于盛楠,鲍海,杨以涵. 配电线路故障定位的实用方法[J]. 中国电机工程学报,2008,28(28):86-90.

[157] 周聪聪,舒勤,韩晓言. 基于线模行波突变的配电网单相接地故障测距方法[J]. 电网技术,2014,38(7):1973-1978.

[158] F V LOPES, D FERNANDES,W L A. News. Fault location on transmission lines based on traveling waves[C]. presented at the Int. Conf. Power Syst. Transients, Delft, the Netherlands, Jun. 2011.

[159] BENMOUYAL G, MAHSEREDJIAN J. A combined directional and faulted phase selector element based on incremental quantities[J]. IEEE Transactions on Power Delivery,2001,16(4):478-484.

[160] LOPES F V,FERNANDES D,NEVES W L A. A traveling-wave detec-

tion method based on park's transformation for fault locators[J]. IEEE Transactions on Power Delivery,2013,28(3):1626-1634.
[161] 王珺,董新洲,施慎行.考虑参数依频变化特性的辐射状架空配电线路行波传播研究[J].中国电机工程学报,2013,33(22):96-102.
[162] 董新洲,王珺,施慎行.配电线路单相接地行波保护的原理与算法[J].中国电机工程学报,2013,33(10):154-160.
[163] 姜博,董新洲,施慎行.基于单相电流行波的配电线路单相接地故障选线方法[J].中国电机工程学报,2014,34(34):6216-6227.
[164] 薛永端,李乐,俞恩科,等.基于分段补偿原理的电缆架空线混合线路双端行波故障测距算法[J].电网技术,2014,38(7):1953-1958.